T0135404

V&Runipress

Bonner Rechtswissenschaftliche Abhandlungen
Neue Folge

Band 6

Herausgegeben von
Udo Di Fabio, Urs Kindhäuser und Wulf-Henning Roth

Udo Heyder

Gültigkeit und Nutzen der besonderen juristischen Schlussformen in der Rechtsfortbildung

V&R unipress

Bonn University Press

Gedruckt mit freundlicher Genehmigung der Rechts- und Staatswissenschaftlichen Fakultät der Rheinischen Friedrich-Wilhelms-Universität Bonn.

„Dieses Hardcover wurde auf FSC-zertifiziertem Papier gedruckt. FSC (Forest Stewardship Council) ist eine nichtstaatliche, gemeinnützige Organisation, die sich für eine ökologische und sozialverantwortliche Nutzung der Wälder unserer Erde einsetzt."

Bibliografische Information der Deutschen Nationalbibliothek

Die Deutsche Nationalbibliothek verzeichnet diese Publikation in der Deutschen Nationalbibliografie; detaillierte bibliografische Daten sind im Internet über http://dnb.d-nb.de abrufbar.

ISBN 978-3-89971-598-9

Veröffentlichungen der Bonn University Press erscheinen im Verlag V&R unipress GmbH.

Titel: Analogie, Technik / Material: Acryl auf Leinwand, Format: 70 x 100 cm,
© Künstlerin: Barbara Heyder.

Meiner Frau Bärbel
in Liebe

Inhalt

Vorwort

Die vorliegende Arbeit wurde von der Rechts- und Staatswissenschaftlichen Fakultät der Rheinischen Friedrich-Wilhelms-Universität Bonn im Sommer 2009 als Dissertation angenommen.

Mein besonderer Dank gilt Frau Professorin Dr. Ingeborg Puppe, die mich bei der Abfassung der Dissertation umfassend betreut und mit vielen wertvollen Anregungen und hilfreicher Kritik unterstütz hat.

Die Arbeit ist mit dem Dissertationspreis der Rechtswissenschaftlichen Fakultät der Rheinischen Friedrich-Wilhelms-Universität Bonn ausgezeichnet worden. Ihre Veröffentlichung wurde in großzügiger Weise unterstützt. Dafür möchte ich allen Verantwortlichen meinen Dank aussprechen. Für die Aufnahme der Arbeit in die Schriftenreihe »Bonner Rechtswissenschaftliche Abhandlungen. Neue Folge« danke ich Herrn Professor Dr. Dr. h.c. Urs Kindhäuser, der auch das Zweitgutachten zu meiner Dissertation erstellt hat, sowie den Mitherausgebern Herrn Professor Dr. Dr. Udo Di Fabio und Herrn Professor Dr. Wulf-Henning-Roth.

Zuletzt möchte ich mich noch herzlich bei meiner Frau Bärbel bedanken, die mir während des Entstehens der Arbeit in jeder Hinsicht eine große Stütze war.

Bonn, im Mai 2010   Udo Heyder

Vorbemerkung

In der nachfolgenden Abhandlung werden die in der Rechtsfortbildung verwendeten besondern juristischen Schlussformen im Wesentlichen unter zwei Fragestellungen untersucht:

1. Können die in der Gestalt logischer Schlüsse auftretenden juristischen Argumentationsformen tatsächlich logische Gültigkeit in Anspruch nehmen?
2. Spiegeln die in die logische Sprache übersetzten Argumentationsformen die dahinter stehende juristische Problematik adäquat wider?

Um die erforderlichen Grundlagen für diese Prüfung zu schaffen und den Rahmen abzustecken, in dem sich die Abhandlung bewegt, sollen in einem ersten Arbeitsschritt zunächst die Leitgedanken und Kernfragen der Rechtsfortbildung herausgearbeitet und die Erwartungen geklärt werden, die man an eine Verwendung logischer Schlussformen zur Darstellung der in der Rechtsfortbildung gebräuchlichen Argumentationsweisen stellen kann (Teil I). Darauf aufbauend, schließt sich in einem zweiten Schritt die logische Untersuchung der einzelnen Schlussformen an (Teil II).

Teil I
Grundlagen

Kapitel 1: Leitgedanken und Kernfragen der Rechtsfortbildung

1.1. Das Konzept der herrschenden Lehre

1.1.1. Lückenfeststellung und Lückenschließung

Norminterpretation und Subsumtionsverfahren können zu dem Ergebnis führen, dass ein zur Entscheidung anstehender Fall keine Regelung im Gesetz gefunden hat. Dann gilt es nach herrschender Meinung zu unterscheiden, ob dieses Fehlen einer gesetzlichen Regelung nach den Vorstellungen, die der Rechtsordnung zu Grunde liegen, planmäßig oder planwidrig ist. Im zweiten Fall spricht man von einer Lücke im Gesetz[1].

Eine solche Gesetzeslücke soll nach herrschender Meinung auch dann vorliegen, wenn sich in der Rechtsordnung ein Wertewandel vollzogen hat und ein aus früheren Zeiten stammendes Gesetz für den zu entscheidenden Fall nicht mehr angemessen erscheint. Dann gibt es zwar eine gesetzliche Regelung, unter die der Fall zu subsumieren wäre, aber diese Regelung kann nicht angewandt werden, weil sie zu Ergebnissen führen würde, die mit der gegenwärtigen Rechtsordnung nicht im Einklang ständen.[2]

Gesetzeslücken sollen zwangsläufig in jedem Rechtssystem vorkommen, da es keinem Gesetzgeber möglich ist, bei der Formulierung der abstrakten Rechts-

---

1   In der Literatur findet sich meistens die Unterscheidung zwischen planmäßigen und planwidrigen Lücken, z. B. bei Schmalz, Dieter, Methodenlehre für das juristische Studium, 4. Auflage 1998, Rdnr. 385; Larenz, Karl/Canaris, Claus-Wilhelm, Methodenlehre der Rechtswissenschaft, 3., neu bearbeitete Auflage 1995, S. 194; Meier, Christian X., Der Denkweg der Juristen, 2000, S. 125; Schönke, Adolf/Schröder, Horst, StGB-Kommentar, 27. Auflage 2006, § 1 Rdnr. 24 (Bearbeiter: Eser). Richtiger dürfte es allerdings sein, überhaupt nicht von einer Gesetzeslücke zu sprechen, wenn das Fehlen einer gesetzlichen Regelung mit den Zielvorstellungen der Rechtsordnung in Einklang steht. Die Planwidrigkeit soll gerade das Kennzeichen einer Gesetzeslücke sein (s. z. B. Bydlinski, Franz, Juristische Methodenlehre und Rechtsbegriff, 2., ergänzte Auflage 1991, S. 475 und Larenz, Karl, Methodenlehre der Rechtswissenschaft, 6. Auflage 1991, S. 370 ff.). Letztlich ist dies jedoch nur eine terminologische Frage. Ein Unterschied in der Sache ergibt sich daraus nicht.

2   Zum Problem des Wertewandels s. z. B. Pawlowski, Hans-Martin, Einführung in die Juristische Methodenlehre, 2., neu bearbeitete Auflage 2000, S. 90 ff.

normen alle regelungsbedürftigen Einzelfälle vorherzusehen[3] und sich Änderungen der Wertvorstellungen im Laufe der Zeit nicht vermeiden lassen. Die grundsätzliche Lückenlosigkeit der Rechtsordnung ist zwar, um es mit den Worten des Bundesverfassungsgerichts zu sagen, »... *als prinzipielles Postulat der Rechtssicherheit vertretbar, aber praktisch unerreichbar ...*«.[4]

Das Fehlen einschlägiger Gesetze kann unterschiedliche Gründe haben[5]. Dementsprechend nimmt die herrschende Meinung folgende Klassifizierung vor: Wenn der Gesetzgeber die regelungsbedürftige Problematik von Anfang an übersehen und deshalb gar keine oder eine zu kurz greifende Regelung getroffen hat, besteht eine anfängliche Gesetzeslücke.[6] Haben sich dagegen die tatsächlichen oder rechtlichen Gegebenheiten verändert und sind dadurch neue, nicht vorhersehbare Problemfälle aufgetreten, für die der Gesetzgeber noch keine Regelungen geschaffen hat, handelt es sich um eine nachträgliche Gesetzeslücke.[7] Beide Fälle bezeichnet man als Anschauungslücken.[8]

Mitunter kommt es auch vor, dass der Gesetzgeber bewusst auf bestimmte Detailregelungen verzichtet und die entsprechende Ausfüllung einer gesetzlichen Norm der Rechtswissenschaft und -praxis überlassen hat.[9] Es liegt dann keine

---

3   vgl. Schmalz, a.a.O., Rdnr. 374; Kohler-Gehrig, Eleonora, Einführung in das Recht: Technik und Methoden der Rechtsfindung, 1997, S. 104

4   BVerfGE 34, 269 (286)

5   vgl. die Darstellung bei Bydlinski, a.a.O., S. 575; Schmalz, a.a.O., Rdnr. 374; Kohler-Gehrig, a.a.O., S. 106

6   Ein oft genanntes Beispiel hierfür bildet die positive Vertragsverletzung (s. z. B. Larenz, a.a.O., S. 193 f.), über die das frühere BGB schwieg und die zunächst als Richterrecht entwickelt wurde, bis sie durch das Gesetz zur Modernisierung des Schuldrechts vom 26. November 2001 in § 280 BGB einen gesetzlichen Ausdruck fand. Gerade dieses Beispiel ist indes umstritten. Pawlowski, a.a.O., S. 113, weist zutreffend darauf hin, dass für einen Großteil der Fälle, die heute als positive Vertragsverletzung bzw. als Pflichtverletzung nach § 280 BGB behandelt werden, im früheren BGB gar keine Gesetzeslücke bestand. Der damalige Gesetzgeber wollte diese Fälle mit den Regelungen über Verzug und Unmöglichkeit erfassen. Erst nachdem Rechtsprechung und Lehre – zugegebenermaßen mit guten Gründen – Verzug und Unmöglichkeit auf die Spät- bzw. Nichterfüllung der Hauptleistungspflichten beschränkt hatten, entstand für Vertragsverletzungen anderer Art die Regelungslücke, die dann mit der Figur der positiven Vertragsverletzung geschlossen wurde.

7   Als Beispiel lässt sich § 808 Abs. 2 ZPO anführen, dem nicht zu entnehmen ist, ob der Schuldner oder der Gerichtsvollzieher »unmittelbarer Besitzer« der gepfändeten Sache ist. Bei Erlass der Vorschrift war diese Frage nämlich unerheblich. Sie wurde erst mit Inkrafttreten des BGB, genauer gesagt, mit der Einführung des gutgläubigen Erwerbs wichtig, weil sie darüber entscheidet, ob der gutgläubige Erwerber pfandfreies Eigentum erwirbt oder nicht (s. Pawlowski, a.a.O., S. 114, insb. Fußnote 95).

8   Dieser Ausdruck wurde von Heck, Phillipp, Gesetzesauslegung und Interessenjurisprudenz, Archiv für die civilistische Praxis, 112 (1914), S. 1 ff. (195 ff.), eingeführt.

9   So wollte der Gesetzgeber, wie sich aus den Motiven zum BGB ergibt (Protokolle, II, S. 51), mit den Vorschriften zum Kaufvertrag nur den Kauf von Sachen, Grundstücken und Forderungen regeln und die Frage, wie der Kauf anderer Gegenstände (Patente, Gewerbebetriebe usw.) zu behandeln sei, ausdrücklich Lehre und Rechtsprechung überlassen. Bisweilen verzichtet der Gesetzgeber auch aus politischer Opportunität auf die Regelung offensichtlich

unbewusste Anschauungs-, sondern eine bewusste Lücke vor, verbunden mit einer – allerdings fragwürdigen – Übertragung der Regelungskompetenz.

Von Anschauungs- und bewussten Lücken unterscheidet man nachträgliche Gesetzeslücken auf Grund eines Wertewandels. Sie entstehen in der Regel dadurch, dass sich die Rechtsordnung weiterentwickelt und zu einem späteren Zeitpunkt an anderen Werten und Zielen orientiert, als es bei Erlass eines Gesetzes der Fall war. Es handelt sich um einen Konflikt zwischen alten und neuen Wert- und Zielvorstellungen der Rechtsordnung, der zu Gunsten der neuen Vorstellungen zu entscheiden ist, da ältere Gesetze nicht so angewandt werden dürfen, dass sie den gegenwärtigen Werten und Zielen der Rechtsordnung widersprechen.[10] Gesetzeslücken dieser Art werden Regelungs- oder Wertungslücken[11] genannt.

Anschauungslücken sollen sowohl in offener als auch in verdeckter Form vorkommen, Wertungslücken dagegen nur in verdeckter Form. Als offene Gesetzeslücke bezeichnet man es, wenn für eine bestimmte Fallgestaltung keine gesetzliche Regelung existiert, von deren Tatbestand sie umfasst wird. Von einer verdeckten Lücke spricht man demgegenüber, wenn zu einer gesetzlichen Regelung eine notwendige Einschränkung fehlt, so dass der Tatbestand der Vorschrift auch Fallgruppen umfasst, auf die sie ihrem Sinn und Zweck nach eigentlich nicht anwendbar ist.[12]

In allen Fällen lückenhafter Gesetzgebung soll es der Rechtswissenschaft und Rechtspraxis und hier in erster Linie den Gerichten obliegen, die Lücken durch Rechtsfortbildung zu schließen.[13] Nach dem Gewaltenteilungsgrundsatz ist die Setzung, Änderung und Abschaffung von Rechtsnormen zwar Sache des Gesetzgebers, während den Gerichten die Anwendung der Gesetze auf Einzelfälle obliegt, doch bedeutet dies nicht, dass der Richter seine Entscheidung ausschließ-

---

regelungsbedürftiger Sachverhalte. Das bekannteste Beispiel dieser Art ist der Verzicht auf eine rechtliche Regelung von Streik und Aussperrung. Grundsätzlich steht ein solches Verhalten des Gesetzgebers im Spannungsverhältnis zu Art. 6 Abs. 5 GG.

10 vgl. die Darstellung bei Pawlowski, a.a.O., S. 90 f.

11 s. Pawlowski, a.a.O., S. 112; Larenz/Canaris, a.a.O., S. 193 ff.

12 s. Larenz, a.a.O., S. 377. Die vorliegende Abhandlung bezieht sich in erster Linie auf die offenen Gesetzeslücken, die mit Hilfe der sogenannten besonderen juristischen Schlussformen geschlossen werden. Bei den verdeckten Lücken kommt die Methode der teleologischen Reduktion zur Anwendung, bei der es sich nicht um ein Schlussverfahren handelt (s. unten, Teil 2, Abschnitt 1.6.6).

13 Pawlowski, Hans-Martin, Methodenlehre für Juristen, 3., überarbeitete und erweiterte Auflage 1999, S. 207, weist zu Recht darauf hin, dass es auf einer verkürzenden Betrachtung beruht, wenn man die Rechtsfortbildung ausschließlich den Gerichten zuordnet. An der Aufgabe der Rechtsfortbildung – verstanden als die Aufgabe, das Recht dem steten Wandel der Verhältnisse und Erkenntnisse anzupassen – wirkt die gesamte Rechtsorganisation mit (Rechtsprechung, Verwaltung und Wissenschaft). Gleichwohl nehmen die Gerichte dabei eine herausragende Stellung ein, da sie darüber bestimmen, was in der Praxis als Recht gilt, so dass es gerechtfertigt erscheint, in – zugegeben verkürzender Weise – weiterhin von der richterlichen Rechtsfortbildung zu sprechen.

lich auf die vorgefundenen Gesetze stützen dürfte. Nach Art. 20 Abs. 3 GG ist die Rechtsprechung nicht nur an die Gesetze, sondern an *Gesetz und Recht* gebunden. Mit dieser Formel wird einem strengen Rechtspositivismus eine klare Absage erteilt.[14] Wenn sich auch Gesetz und Recht im Allgemeinen decken, ist es doch nicht ausgeschlossen, dass dem (ungeschriebenen) Recht unter bestimmten Umständen gegenüber dem Gesetz (dem geschriebenen Recht) eine ergänzende oder korrigierende Aufgabe zukommt. Dies ist nach dem Bundesverfassungsgericht namentlich dann der Fall, wenn »... *das geschriebene Recht seine Funktion, ein Rechtsproblem gerecht zu lösen, nicht erfüllt.*«[15]

Die Zulässigkeit der richterlichen Rechtsfortbildung ist im deutschen Rechtssystem allgemein anerkannt.[16] Die Gerichtsverfahrensgesetze (§ 132 Abs. 4 GVG, § 45 Abs. 4 ArbGG) weisen den Gerichten ausdrücklich auch die Aufgabe der Rechtsfortbildung zu. Aus Art. 19 Abs. 4 GG, dem ein Justizverweigerungsverbot immanent ist, lässt sich nach herrschender Ansicht sogar auf eine *Verpflichtung* der Gerichte zur Rechtsfortbildung schließen. Da der Rechtsweg auch dann eröffnet und eine Entscheidung in der Sache erforderlich ist, wenn der Gesetzgeber keine auf den Streitfall passende Regelung getroffen hat, soll der Richter bei einer solchen Sachlage genötigt sein, die Entscheidung im Wege der Rechtsfortbildung zu finden.[17]

---

14 allgemeine Ansicht, z. B. BVerfGE 34, 269 (286); Larenz, a.a.O., S. 368 f.

15 BVerGE 9, 338 (349); 34, 269 (286); enger dagegen BVerfGE 57, 183 (186):Rechtsfortbildung nur, wenn feststellbar ist, welche Regelung der Gesetzgeber getroffen hätte

16 BVerfGE 9, 338 (349); 34, 269 (286); 57, 183 (186); BVerfG NJW 1990, 1593 f; BGHZ 11, 34 (51); Schmalz, a.a.O., Rdnr. 375; Larenz/Canaris, a.a.O., S. 189 f. Eine Ausnahme bildet jedoch das Strafrecht, in dem eine Lückenschließung zum Nachteil des Betroffenen ausdrücklich verboten ist (Art. 103 II GG, § 1 StGB). Darüber hinaus ist es im Bereich des öffentlichen Rechts umstritten, inwieweit sich Grundrechtseingriffe durch richterliche Rechtsfortbildung, also ohne ausdrückliche gesetzliche Grundlage, rechtfertigen lassen (bejahend etwa Sachs, Michael, in: Stern, Klaus/Sachs, Michael, Das Staatsrecht der Bundesrepublik Deutschland, Bd. III/2, 1994, S. 436; anderer Ansicht BVerfGE 88, 103 [116], demzufolge im Verhältnis von Bürger und Staat eine gesetzliche Grundlage unentbehrlich ist, inzwischen h. M.). Unterschiedlich wird weiterhin die Frage beantwortet, ob auch der Exekutive eine Rechtsfortbildungskompetenz zusteht (bejahend etwa BVerfGE NJW 1976, 1364 f.; verneinend z. B. Meier, a.a.O., S. 123).

17 Dieses oft vorgebrachte Argument (s. z. B. Schmalz, a.a.O., Rdnr. 313; Kohler-Gehrig, a.a.O., S. 104; im Ergebnis auch Meier, a.a.O., S. 123) ist allerdings letztlich nicht zwingend. Die Eröffnung des Rechtswegs ist lediglich eine prozessuale Entscheidung und bedeutet nicht, dass es eine materiellrechtliche Regelung geben muss, auf die der Kläger sein Klagebegehren oder der Beklagte sein Klageabweisungsbegehren stützen kann. Der Richter kann seine Entscheidung in der Sache auch mit dem Fehlen einer einschlägigen rechtlichen Regelung begründen. In den Rechtsgebieten, in denen ein Analogieverbot besteht, bleibt ihm ohnehin nichts anderes übrig.

1.1.2. Wortlautgrenze

Die Rechtsfortbildung ist nach herrschender Meinung grundsätzlich von der Auslegung einer Vorschrift zu unterscheiden. Während die Auslegung den Anwendungsbereich[18] der Rechtsnorm absteckt, setzt die Rechtsfortbildung voraus, dass der zu entscheidende Fall außerhalb des Anwendungsbereichs der bestehenden Normen liegt. Deshalb geht das Verfahren der Auslegung dem Verfahren der Rechtsfortbildung grundsätzlich vor.[19] Erst wenn fest steht, dass die Rechtsnormen auch bei weitester Auslegung nicht auf den gegebenen Fall anwendbar sind, kommt eine Rechtsfortbildung in Betracht.

Ihre Grenze findet die Auslegung nach allgemeiner Ansicht am Wortlaut (dem möglichen Wortsinn) der Vorschrift.[20] Damit ist nicht die Bedeutung eines einzelnen Wortes gemeint, sondern die Bedeutung der sich auf den Anwendungsbereich der Vorschrift beziehenden Sätze oder Satzteile der Vorschrift. Die Bedeutung dieser Sätze oder Satzteile ergibt sich aus den allgemeinen (semantischen und syntaktischen) Regeln der verwendeten Rechtssprache und den konkreten Kontextbedingungen, unter denen die Sätze gebraucht werden.

Meistens sind diese Regeln nicht so präzise, dass sie nur *ein* bestimmtes Verständnis der Sätze zulassen. Je nachdem, welchem Verständnis man folgt, kann man mehr oder weniger unterschiedliche Typen von Sachverhalten unter die Norm subsumieren. Dasjenige Verständnis, das den größten Anwendungsbereich der Vorschrift ermöglicht, bildet die so genannte Wortlautgrenze für die extensive Interpretation, dasjenige Verständnis, das den kleinsten Anwendungsbereich ergibt, stellt die Wortlautgrenze für die restriktive Interpretation dar[21].

Die Wortlautgrenze lässt sich oft nicht mit letzter Klarheit ziehen, so dass der Übergang zur Rechtsfortbildung eher fließend erscheint.[22] Gleichwohl hält die herrschende Meinung im Prinzip an diesem Unterscheidungsmerkmal fest: Die Auslegung befindet sich diesseits, die Rechtsfortbildung jenseits der Grenze des möglichen Wortsinns.

---

18 Neben dem Anwendungsbereich einer Norm (dem Tatbestand) kann selbstverständlich auch die Rechtsfolge auslegungsbedürftig sein. Bei der Abgrenzung von Auslegung und Rechtsfortbildung kommt es aber in erster Linie auf die Frage der Tatbestandserfüllung an. Deshalb konzentriert sich die Darstellung auf diesen Aspekt (s. aber auch unten, Teil 2, 3.4: Der Größenschluss bei der Rechtsfolge).
19 z. B. Larenz, a.a.O., S. 366
20 z. B. Larenz, a.a.O., S. 366
21 Puppe, Ingeborg, Kleine Schule des juristischen Denkens, 2008, S. 64 ff., unterscheidet zwischen positiven Kandidaten (Fällen; die eindeutig unter den Begriff fallen), neutralen Kandidaten (Fällen, von denen nicht eindeutig feststeht, ob sie unter den Begriff fallen) und negativen Kandidaten (Fällen, die eindeutig nicht unter den Begriff fallen). Die extensive Auslegung umfasst die positiven und die neutralen Kandidaten, die restriktive nur die positiven. Für die negativen Kandidaten stellt sich nur noch die Frage der Analogie.
22 Schmalz, a.a.O., Rdnr. 230 ff.

1.2.   Kritik am Konzept der herrschenden Lehre

1.2.1.   Problematisierung des Lückenbegriffs

Ausgangspunkt für die Rechtsfortbildung ist nach dem Konzept der herrschenden Lehre das Vorliegen einer Gesetzeslücke. Wenn ein Rechtsanwender kein Gesetz findet, das für den zu entscheidenden Fall einschlägig ist, soll er nicht ohne weiteres zur Rechtsfortbildung schreiten können. Vielmehr müsse er zunächst prüfen, ob es zum »Plan« der Rechtsordnung gehört, dass für den betreffenden Sachverhalt keine gesetzliche Regelung vorgesehen ist, und erst wenn er zu dem Ergebnis kommt, dass das Fehlen einer gesetzlichen Regelung »planwidrig« ist, dürfe er von einer Gesetzeslücke ausgehen, die durch Rechtsfortbildung zu schließen ist.[23] Das Vorliegen einer Lücke wird als Zulässigkeitsvoraussetzung für die Rechtsfortbildung angesehen.[24] In jüngerer Zeit werden gegen diese Auffassung jedoch erhebliche Bedenken geltend gemacht.[25]

1.2.1.1. Erster Kritikpunkt

Das Lückenkonzept suggeriert, dass es sich bei der Feststellung einer Gesetzeslücke und ihrer Schließung um zwei getrennte, aufeinander folgende Argumentationsschritte handelt. Tatsächlich aber stellen sie nur unterschiedliche Aspekte ein und desselben Gedankengangs dar. Ob das Fehlen einer gesetzlichen Regelung für eine bestimmte Fallkonstellation dem »Plan« der Rechtsordnung widerspricht, kann man nur feststellen, wenn man diesen »Plan« kennt, wenn man also weiß, welche Regelung nach dem Plan der Rechtsordnung für diese Fallkonstellation angebracht wäre. Kennt man aber diesen Plan, ist damit gleichzeitig schon die Frage beantwortet, wie man die Lücke zu schließen hat – nämlich durch Einführung der Regel, die dem »Plan« entspricht. Überspitzt gesagt: Nur wenn man weiß, welche Fallbehandlung plangemäß wäre, kann man feststellen, dass es kein Gesetz gibt, das diese Behandlung vorsieht, und somit eine Gesetzeslücke vorliegt. Die Bejahung einer Lücke kann nicht am Anfang der Untersuchung stehen, sondern fällt mit dem Untersuchungsergebnis zusammen. Sie drückt nur in negativer Form aus, was bei der Lückenschließung positiv ausgedrückt wird: dass

---

23   Abgesehen wird hier von dem (relativ seltenen) Fall, dass der Gesetzgeber die Entscheidung einer Rechtsfrage ausdrücklich Wissenschaft und Praxis überantwortet hat (s. oben, S. 6 und Fußnote 9).

24   s. insb. Larenz, a.a.O., S.368, 370 bis 404; Larenz/Canaris, a.a.O., S. 191 ff.

25   s. z. B. Puppe, a.a.O., S. 99 ff.; Koch, Hans-Joachim/Rüßmann, Helmut, Juristische Begründungslehre, 1982, S. 254 ff.; Pawlowski, Methodenlehre für Juristen, S. 210 f; ders., Einführung in die Juristische Methodenlehre, S. 110 f.

die Rechtsordnung um eine bestimmte Regelung ergänzt werden muss, wenn man dem »Plan« der Rechtsordnung gerecht werden will[26].

1.2.1.2. Zweiter Kritikpunkt

Ein weiteres Problem ergibt sich daraus, dass unklar ist, von welcher Warte aus das Vorliegen einer Lücke festgestellt werden soll. Bei den einzelnen Arten von Lücken werden offensichtlich unterschiedliche Maßstäbe angelegt. So stellt etwa der Begriff der Anschauungslücke auf die subjektiven Vorstellungen des historischen Gesetzgebers ab, der bestimmte Fallgestaltungen übersehen bzw. nicht vorhergesehen hat. Demgegenüber wendet sich der Begriff der Wertungslücke gerade von der historischen Betrachtung ab und stützt sich auf das gegenwärtige Normverständnis, das sich aus einem zwischenzeitlichen Wertwandel ergibt. Im ersten Fall wird eine subjektiv-entstehungszeitliche Auslegung zu Grunde gelegt, im zweiten eine objektiv-auslegungszeitliche.

Beide Theorien sind bekanntlich nicht frei von Einwänden. Der subjektiv-entstehungszeitlichen Theorie wird vorgeworfen, dass sie dem Wandel der Verhältnisse, insbesondere dem Wandel der Rechtsüberzeugungen, nicht gerecht werde. Der objektiv-auslegungszeitlichen Theorie wird demgegenüber entgegen gehalten, dass sie die Trennung von Legislative und Judikative[27] nicht ausreichend beachte und dem Rechtsanwender zu großen Spielraum gebe. Umgekehrt wird die subjektiv-entstehungszeitliche Theorie mit dem Argument verteidigt, dass sie Rechtssicherheit verbürge und den Gewaltenteilungsgrundsatz respektiere, weil sie den Sinn der Normen keinem ständigen Wandel unterwerfe und der Disposition der Rechtsanwender entziehe. Für die objektiv-auslegungszeitliche Theorie wird dagegen das Argument angeführt, dass sie den aktuellen Wert- und Zielvorstellungen der Rechtsordnung und dem Gerechtigkeitsprinzip Geltung verschaffe, weil sie alte Gesetze den neuen Rechtsüberzeugungen anpasse und alle Fälle nach gleichen (aktuellen) Maßstäben beurteile.

Beide Theorien sehen sich grundsätzlichen methodischen Schwierigkeiten gegenüber.

Die subjektive Theorie muss darlegen, wie sie den Willen des Gesetzgebers ermitteln will. Dafür kann sie nicht einfach auf die zum Teil weit voneinander abweichenden Vorstellungen einzelner am Gesetzgebungsverfahren beteiligter Organe oder Personen zurückgreifen, da diese nicht den Willen des Gesetzgebers repräsentieren[28]. Dem zufolge darf sie der Entstehungsgeschichte eines Gesetzes – der Begründung des Entwurfs, den parlamentarischen Äußerungen und

---

26 s. Koch/Rüßmann, a.a.O., S. 254 ff.; Schmalz, a.a.O., Rdnr. 391: »Planwidrigkeit und Analogieschluss (ergeben sich) aus denselben Überlegungen.«
27 bzw. zwischen Legislative und Exekutive
28 s. Puppe, a.a.O., S. 78 f.

den Stellungnahmen sonstiger beteiligter Stellen – [29] nur eingeschränkte Bedeutung beimessen.[30] Das Bundesverfassungsgericht hält deshalb den *objektivierten* Willen des Gesetzgebers für maßgebend, wie er sich aus dem Wortlaut des Gesetzes und dem Sinnzusammenhang ergibt.[31] Damit nähert sich die subjektive Theorie der objektiven zumindest teilweise an. Sie hält aber wegen des historischen Blickwinkels nach wie vor daran fest, dass später entstandene Normen und die darin zum Ausdruck kommenden Werte und Ziele bei der Auslegung älterer Normen außer Betracht bleiben.

Die objektive Theorie muss demgegenüber darlegen, wie sie den objektiven Sinn eines Gesetzes aufdecken will. Maßgeblich soll dafür der objektiv zu bestimmende Zweck der Norm sein. Dabei ist es bereits zweifelhaft, ob es so etwas wie einen objektiven Normzweck überhaupt gibt, denn Zwecke werden in der Regel von Menschen verfolgt und den Dingen von Menschen zugewiesen[32]. Wenn sich der Norminterpret nicht an der Zwecksetzung des Gesetzgebers orientiert, bleibt ihm offenbar nichts anderes übrig, also seine eigene Zwecksetzung zugrunde zu legen. An die Stelle der Objektivität tritt dann allenfalls die intersubjektive Allgemeingültigkeit der Interpretation bzw. der Anspruch des Interpreten darauf[33]. Hinzu kommt, dass man sich bei der Ermittlung eines Normzwecks in einem Zirkel zu verfangen scheint: Einerseits soll der Normzweck als Richtschnur für das Verständnis von Tatbestand und Rechtsfolge eines Gesetzes dienen. Andererseits muss man, um den Zweck aus dem Gesetz herauslesen zu können, bereits wissen, wie Tatbestand und Rechtsfolge zu verstehen sind. Es scheint somit ein unhintergehbares Anfangsverständnis geben zu müssen.[34]

Eine grundsätzliche Klärung des Meinungsstreits ist an dieser Stelle nicht möglich, letztlich aber auch nicht erforderlich. Im speziellen Zusammenhang der Rechtsfortbildung ist jedenfalls die objektiv-auslegungszeitliche Theorie der subjektiv-entstehungszeitlichen vorzuziehen. Treibende Kraft der Rechtsfortbildung ist nämlich das Gerechtigkeitsprinzip: Gleiche Fälle sollen gleich und ungleiche Fälle ungleich behandelt werden. In diesem Gleichheitsgrundsatz ist

---

29 vgl. z. B. Schmalz, a.a.O., Rdnr. 261 ff.
30 s. insb. BVerfGE 1, 299 (312); ständige Rechtsprechung, vgl. auch BVerfGE 62, 1 (45) m.w.N.
31 s. z. B. BVerfGE 1, 299 (312)
32 s. Puppe, a.a.O., S. 80 f.
33 s. Puppe, ebenda.
34 Allerdings ist es dies kein spezifisches Problem der teleologischen Auslegung, sondern das Schicksal einer jeden Textinterpretation. Sie muss stets mit einem bestimmten Vorverständnis (Vorurteil) beginnen und dieses im weiteren Verstehensprozess präzisieren, differenzieren und korrigieren. Dies ist der so genannte hermeneutische Zirkel (s. Gadamer, Hans-Georg, Wahrheit und Methode. Grundzüge einer philosophischen Hermeneutik, unveränderter Nachdruck der 3., erweiterten Auflage 1975; Stegmüller, Wolfgang, Der so genannte Zirkel des Verstehens, in: ders, Das Problem der Induktion: Humes Herausforderung und moderne Antworten, 1966, weist darauf hin, dass der »hermeneutische Zirkel« in Wahrheit kein Zirkel, sondern eine Spirale ist).

ein *Universalisierungsprinzip* enthalten: Alle Sachverhalte sollen nach gleichen rechtlichen Maßstäben beurteilt werden. Dies setzt voraus, dass man in den Normen allgemeine Werte, Ziele und Grundsätze der Rechtsordnung verkörpert sieht, die auch über den ursprünglich vom Gesetzgeber vorgesehenen Anwendungsbereich hinaus gelten. Der ganze Normbestand, der einen bestimmten Lebensbereich regelt, muss nach einheitlichen rechtlichen Maßstäben gestaltet sein.

Die objektiv-auslegungszeitliche Theorie erreicht dies dadurch, dass sie alle Gesetze, ältere wie jüngere, unabhängig von den Vorstellungen ihres ursprünglichen Autors nach den jeweils aktuellen Werten, Zielen und Grundsätzen der Rechtsordnung auslegt. Auf dem Boden der subjektiv-entstehungszeitlichen Theorie kann jedoch nichts Entsprechendes gelingen. Hier richtet sich der Anwendungsbereich der rechtlichen Maßstäbe nach den Vorstellungen desjenigen Gesetzgebers, der sie eingeführt hat. Wer sich bei der Auslegung von Rechtsnormen am jeweiligen Willen des historischen Gesetzgebers orientiert, wird kein Rechtssystem erhalten, das sich durch einheitliche und durchgängige Werte, Ziele und Grundsätze auszeichnet, sondern nur ein in sich zerrissenes und zum Teil widersprüchliches Gebilde nicht zusammenhängender Einzelregelungen, die von verschiedenen Urhebern mit unterschiedlichen Wert- und Zielvorstellungen stammen.[35] Die Einheitlichkeit und Durchgängigkeit von Zielen, Werten und Grundsätzen kann für diesen Standpunkt kein leitendes Auslegungsprinzip sein[36].

Letztlich muss die subjektiv-entstehungszeitliche Theorie, wenn man sie konsequent zu Ende denkt, auf einen positivistischen Standpunkt hinauslaufen. Es gibt keinen Grund dafür, die Zwecke, die ein bestimmter Gesetzgeber verfolgt hat, auch für die Behandlung solcher Fälle zu Grunde zu legen, die vom Willen dieses Gesetzgebers gar nicht umfasst waren.

Diese Kritik bedeutet nicht, dass die subjektiv-entstehungszeitliche Theorie überhaupt keine Bedeutung für eine systematische Auslegung hätte. Namentlich bei jüngeren Gesetzen ist das Studium der Entstehungsgeschichte in der Regel durchaus geeignet, herauszufinden, welche neuen Wert- und Zielvorstellungen die Gesetze in die Rechtsordnung einbringen sollen[37]. Je älter

---

35 Diese pointierte Darstellung ist insofern etwas zu relativieren, als sich jeder Gesetzgeber in der Regel darum bemühen wird, Normen zu schaffen, die sich in das bestehende Regelungswerk einfügen. Es gibt indes keine Garantie dafür, dass dies auch problemlos gelingt. Dann bedarf es einer Harmonisierung, für die es auf dem Boden der subjektiv-entstehungszeitlichen Theorie keine Maßstäbe gibt.

36 Dieses Argument spricht für eine *grundsätzliche* Vorrangstellung der objektiv-auslegungszeitlichen Theorie. Gleichwohl ist es nicht ausgeschlossen, dass es in bestimmten Rechtsbereichen gute Gründe für die subjektiv-entstehungszeitliche Theorie geben kann.

37 Nur im Falle eines Konflikts mit anderen etablierten Wert- und Zielvorstellungen muss man sich von der subjektiv-entstehungszeitlichen Betrachtung lösen und den Widerspruch durch eine objektiv-systematische Interpretation beheben.

allerdings die auszulegenden Gesetze sind, desto mehr kann die Entstehungsgeschichte, wenn man sich von der Idee eines einheitliches Rechtssystems leiten lässt, lediglich einen vorläufigen Einstieg in die Interpretation bieten, der unter objektiv-auslegungszeitlichen Gesichtspunkten modifiziert und korrigiert werden muss[38].

Als geeignete Grundlage für die Rechtsfortbildung, die ein einheitliches Rechtssystem voraussetzt, kommt jedenfalls nur die objektiv-auslegungszeitliche Theorie in Betracht. Danach muss man einen nicht geregelten Fall so entscheiden, wie es die allgemein geltenden Werte, Ziele und Grundsätze der Rechtsordnung erfordern, um einen Systembruch zu vermeiden.

Dieses Diskussionsergebnis führt jedoch zu Schwierigkeiten im Hinblick auf den Lückenbegriff.

Die objektiv-auslegungszeitliche Theorie ist nämlich, wie eine nähere Prüfung zeigt, mit der Annahme von Gesetzeslücken kaum in Einklang zu bringen. Von Anschauungslücken kann man aus ihrer Sicht ohnehin nicht reden, weil es gar nicht darauf ankommt, von welchen Vorstellungen sich der historische Gesetzgeber beim Erlass eines Gesetzes leiten ließ. Entscheidend ist, welchen Platz eine Norm im Gesamtgefüge der jetzt geltenden Werte, Ziele und Grundsätze der Rechtsordnung einnimmt. Darüber hinaus ist aber auch der Begriff der Wertungslücke, der einen Wertewandel voraussetzt, auf dem Boden der objektiv-auslegungszeitlichen Theorie missverständlich. Wenn sich die Werte und Ziele der Rechtsgemeinschaft ändern, so liegt eigentlich keine Lücke im gegenwärtigen »Plan« der Rechtsordnung vor, sondern ein Konflikt zwischen verschiedenen »Plänen« (einem früher und einem jetzt geltenden), der zugunsten des jetzt geltenden »Plans« entschieden werden muss.[39] Am Anfang der Rechtsfortbildung steht nach der objektiv-auslegungszeitlichen Theorie nicht die Feststellung, dass eine Gesetzeslücke vorliegt, sondern die Feststellung, dass sich das Recht als widersprüchlich erweisen würde, wenn man den Anwendungsbereich einer bestimmten Norm nicht in einer bestimmten Weise ausdehnen oder einschränken würde.[40]

1.2.1.3. Dritter Kritikpunkt

Legt man die objektiv-auslegungszeitliche Theorie zugrunde, ist der Lückenbegriff noch aus einem anderen Grunde irreführend. Er wird als planwidriges Fehlen einer einschlägigen gesetzlichen Regelung definiert und erweckt damit

---

38 s. Puppe, a.a.O., S. 79
39 Was hier als Lücke bezeichnet wird, ist im Grunde die Diskrepanz zwischen dem Normverständnis, das sich nach der subjektiv-auslegungszeitlichen Theorie ergibt, und dem Normverständnis, das sich nach der objektiv-auslegungszeitliche Theorie ergibt.
40 s. Puppe, a.a.O., S. 100f; Pawlowski, Methodenlehre für Juristen, S. 214

den Eindruck, es gebe ein festes System von Werten, Zielen und Grundsätzen, ein vorgegebenes Gesamtkonzept, an dem der Normenbestand auf seine Vollständigkeit hin überprüft werden könne. Gegen eine solche Sichtweise erheben sich jedoch gravierende Bedenken.

Das System von Werten, Zielen und Grundsätzen, das die Rechtsordnung prägt, steht keineswegs unverrückbar fest, sondern befindet sich in einem permanenten Auf-, Aus- und Umbauprozess. Ständig müssen neu erlassene Gesetze in das bestehende Regelungswerk eingefügt werden, d. h., die Werte und Ziele, an denen sich die neuen Gesetze orientieren, müssen mit den Werten und Zielen der bereits vorhandenen Gesetze in Einklang gebracht werden. Diese Integration erfordert einen beiderseitigen Anpassungsprozess. Einerseits sind die Werte und Ziele der alten Normen mit den Werten und Zielen der neuen Normen zu verknüpfen und dabei neu zu strukturieren und zu modifizieren. Andererseits sind die Werte und Ziele der neuen Normen in die Werte und Ziele der alten Normen einzugliedern und dabei zu konkretisieren und zu differenzieren. An dieser Aufgabe arbeitet die gesamte Rechtsorganisation: Richter, Rechts- und Staatsanwälte, Verwaltungspraktiker, Rechtswissenschaftler und sonstige Fachleute tragen im Dialog miteinander und untereinander ihren jeweiligen Teil dazu bei[41]. Die Rechtspraxis entwickelt den betroffenen Normkomplex durch Einzelfallentscheidungen weiter, und die Literatur wirkt durch Fallkommentierungen und Systematisierungen auf eine konsistente Struktur des Normkomplexes hin. Noch während dieser Integrationsprozess läuft, werden aber schon wieder neue Gesetze auf den Weg gebracht, die ebenfalls in den Normkomplex hineinspielen und einen neuen Integrationsprozess der beschriebenen Art in Gang setzen. Hinzu kommen Änderungen der tatsächlichen Umstände, die zu völlig neuen Fallkonstellationen führen und neue Anforderungen an die Interpretation der Normen stellen, also einen Integrationsprozess »von unten« auslösen.

Demnach kann man zu keiner Zeit von einem voll entfalteten Rechtssystem ausgehen, in dem das Verständnis einer jeden Norm abschließend geklärt und alle Werte und Ziele vollständig aufeinander abgestimmt wären. Das zu Grunde liegende Rechtssystem ist immer unfertig.

Bei dieser Darstellung ist noch nicht berücksichtigt, dass sich das Rechtssystem nicht nur ständig in der Entwicklung, sondern auch in der Diskussion befindet. Genau genommen, ist die Diskussion die treibende Kraft der Entwicklung. Die Beteiligten arbeiten nicht alle einvernehmlich am Auf-, Aus- und Umbau desselben Rechtssystems, sondern sie haben ihre je eigenen Vorstellungen von diesem Rechtssystem, und diese Vorstellungen weisen unterschiedlich große

---

41 Nach Pawlowski, Methodenlehre für Juristen, S. 208, ist »... die Aufgabe der Rechtsfortbildung – d. h. die Aufgabe, das Recht dem Wandel und dem Fortschritt der Verhältnisse und Erkenntnisse anzupassen ... – der gesamten Rechtsorganisation aufgetragen ...«

Schnittmengen zueinander auf. Durch den permanenten Austausch von Argumenten und Gegenargumenten prüfen, klären und konkretisieren sie die Inhalte, Voraussetzungen und Konsequenzen ihrer Positionen, bilden gemeinsame Überzeugungen und Unterschiede heraus, präzisieren Streitpunkte, entwickeln neue Ansätze und Begründungsstrukturen und treiben so die Systematisierung des Rechts voran, wobei sie ihre Argumente im Lichte neuer Normen und neuer Fallkonstellationen immer wieder neu bestimmen müssen[42]. Auch die juristische Diskussion ist ständig im Fluss.

Bei einer solchen Sachlage fällt es schwer, von einem »Plan« der Rechtsordnung bzw. von einem »planwidrigen Fehlen einer Rechtsnorm« zu sprechen. Die Systematik der Rechtsordnung ist keine feste, vorgegebene Größe, sondern wird fortlaufend neu erarbeitet. Sie ist kein Konzept, das dem gesetzlichen Regelungswerk vorausgeht, sondern ein gemeinsames, in ständiger Weiterentwicklung begriffenes Produkt der juristischen Diskussion. Diese Diskussion reicht von der rechtspolitischen Auseinandersetzung im Vorfeld der Normsetzung über Fragen der Konkretisierung in der Rechtspraxis bis zur Harmonisierung der erlassenen Normen mit vorangegangenen und nachfolgenden Normsetzungen. Die Systematik zeichnet also keinen »Plan« nach, sondern gibt (aus Sicht eines bestimmten Standpunkts) den aktuellen Diskussionsstand zur Anwendung einer bestimmten Norm wieder.

Im Ergebnis ist somit festzustellen, dass das Lückenkonzept der herrschenden Meinung wenig zum Verständnis der Rechtsfortbildung beiträgt. Es ist eher verwirrend als klärend. Tatsächlich hat man bei der Rechtsfortbildung keine Lücke zwischen dem vorhandenen Regelungswerk und einem zugrunde liegenden Regelungsplan festzustellen und anschließend diese Lücke im Sinne des zugrunde liegenden Regelungsplans zu schließen. Vielmehr muss man das gesetzliche Regelungswerk ergänzen, um Widersprüche gegen die Werte, Zwecke und Grundsätze zu vermeiden, die dem Regelungswerk zu entnehmen sind und die mit Anspruch auf universelle Geltung auftreten.

---

42 Puppe, a.a.O., S: 159 ff., spricht von »Argumentationstennis«. Dies erinnert an das Bild des »Kontoführens«, das Brandom, Robert B., Expressive Vernunft, 2000, insb. S. 272 ff. für die Gesprächsführung entwickelt hat: Die Konten der einzelnen Gesprächspartner setzen sich aus den Festlegungen zusammen, die sie jeweils explizit anerkennen, und den Berechtigungen (Folgerungen aus den Festlegungen der anderen), die sie beanspruchen. Das Eingehen einer bestimmten Festlegung ist nach den normativen Regeln des Gesprächs auch das Eingehen einer Festlegung auf die inferentiellen Folgen dieser Festlegung. Wer daher die inferenziellen Folgen nicht anerkennen will, ist verpflichtet, die Ausgangsprämisse fallenzulassen oder abzuändern (oder zu bestreiten, dass es sich um inferentielle Folgen handelt). Jeder der Gesprächspartner führt jederzeit sowohl für sich als auch für alle anderen jeweils eigene Kontostände, die Auskunft darüber geben, welche Festlegungen und Berechtigungen anerkannt oder zugewiesen werden. Über die Anerkennung von Zuweisungen wirken die Gesprächspartner gegenseitig auf ihre Kontostände ein. Dieses Bild gibt den typischen Verlauf juristischer Diskussionen anschaulich wieder.

1.2.2.   Streit um die Wortlautgrenze

Auch das Kriterium der Wortlautgrenze, das die herrschende Meinung zur Trennung von Auslegung und Rechtsfortbildung heranzieht, stößt in der neueren Literatur immer häufiger auf Widerspruch.

Der Wortlaut einer Vorschrift spiegelt nämlich immer die Formulierung eines bestimmten Gesetzgebers wider. Damit scheint – entgegen der objektiv-auslegungszeitlichen Theorie – doch wieder der historischen Gesetzgeber eine maßgebliche Bedeutung zu gewinnen – zwar nicht mit seinen (möglicherweise überholten) Wert- und Zielvorstellungen, aber zumindest mit seinen Formulierungen, die er auf der Basis seiner Vorstellungen vom Anwendungsbereich des Gesetzes und somit auf der Basis seiner Wert- und Zielvorstellungen gewählt hat.

Warum es aber von den (historisch bedingten) Formulierungen einer Vorschrift abhängen soll, ob die Rechtsfindung als Rechtsanwendung (Auslegung) oder Rechtsfortbildung zu qualifizieren ist, leuchtet nicht ohne weiteres ein. Sowohl bei der Rechtsauslegung als auch bei der Rechtsfortbildung wird die jeweilige Norm nach ihrer Stellung im Gesamtgefüge der gegenwärtigen Rechts- und Wertordnung bestimmt. Welchen Unterschied soll es dabei ausmachen, ob diese Bestimmung noch innerhalb des Wortlauts erfolgen kann, den der historische Gesetzgeber der Norm gegeben hat, oder ob man dazu über den Wortlaut hinausgehen muss? Die Argumentation verläuft in beiden Fällen gleich: Sie orientiert sich an systematischen, teleologischen und axiologischen Erwägungen.[43] In beiden Fällen kommt dasselbe Verfahren zur Anwendung.[44]

Manche Autoren halten deshalb die Unterscheidung zwischen Auslegung und Rechtsfortbildung im Grunde für entbehrlich [45] und rechnen die Rechtsfortbildung der systematischen Auslegung zu.

Dieser Auffassung kann man aber aus grundsätzlichen Erwägungen nicht folgen.

In einigen Rechtsgebieten ist es ohnehin unumgänglich, zwischen Auslegung und Rechtsfortbildung eine strenge Grenze zu ziehen[46]. So gilt im Strafrecht ein verfassungsrechtlich verankertes Verbot der Analogie zu Lasten des Betroffenen[47], während die extensive Interpretation allgemein für zulässig gehalten wird. Auch im öffentlichen Recht ist das Instrument der Rechtsfortbildung erheblich eingeschränkt, da Grundrechtseingriffe nach dem vom Bundesverfassungsgericht entwickelten Grundsatz des Gesetzesvorbehalts[48] stets einer gesetzlichen

---

43   Larenz, a.a.O., S. 367 f.; Schmalz, a.a.O., Rdnr. 378
44   s. Bund, Elmar, Juristische Logik und Argumentation, 1983, S. 170; Larenz, a.a.O., S. 367
45   Bydlinski, a.a.O., S. 468 f.
46   Darauf weist zutreffend Puppe, a.a.O., S. 65 f., hin.
47   Art. 103 II GG; § 1 StGB
48   BVerfGE 88, 103 (116)

Grundlage bedürfen. Hier hilft die Einstufung der Rechtsfortbildung als Unterfall der systematischen Auslegung nicht weiter.

Vor allem aber verwischt die Mindermeinung die Differenz zwischen formeller und materieller Legitimation einer rechtlichen Entscheidung. Als formell legitimiert kann eine Entscheidung gelten, wenn sie sich auf eine Norm stützen kann, die im ordentlichen Normsetzungsverfahren zustande gekommen ist. Materiell legitimiert ist sie hingegen, wenn sie mit den Werten, Zielen und Grundsätzen der Rechtsordnung übereinstimmt.

Im Regelfall weist eine Entscheidung, wenn sie auf einer korrekten Subsumtion des Falles unter das maßgebliche Gesetz beruht, beide Arten der Legitimation auf, denn die Werte, Ziele und Grundsätze, mit denen die Entscheidung in materieller Hinsicht übereinstimmen soll, sind ja gerade in dem Gesetz verkörpert, auf das sie sich in formeller Hinsicht beruft. Die Entscheidung kann zu ihrer Begründung sowohl die Autorität des geltenden Gesetzes anführen (formelle Legitimation) als auch die Übereinstimmung mit den Werten, Zielen und Grundsätze der Rechtsordnung (materielle Legitimation).

In bestimmten Fällen jedoch treten beide Legitimationsarten auseinander. Dies gilt insbesondere für Entscheidungen, die auf einer Rechtsfortbildung beruhen. Hier liegt nur die materielle Legitimation vor. Eine formelle Legitimation fehlt, da die Entscheidung nicht von einem bestehenden Gesetz gedeckt ist. Gleichwohl bleibt die materielle Legitimation mittelbar an die formelle Legitimation zurückgebunden. Die Werte, Ziele und Grundsätze, die zur Begründung der Entscheidung angeführt werden, sind – eventuell über mehrere Vermittlungsschritte – letztlich aus solchen Vorschriften herauszuarbeiten, die auf ein ordentliches Normsetzungsverfahren zurückgehen. Nur im Zuge eines solchen Verfahrens können in einem demokratischen Rechtsstaat verbindliche Werte, Ziele und Grundsätze in die Rechtsordnung eingeführt werden. Zumindest mittelbar ist die Entscheidung, die auf einer Rechtsfortbildung basiert, also auch formell legitimiert. Die Verbindung zwischen materieller und formeller Legitimation wird vom Gleichbehandlungsgrundsatz hergestellt. Er verschafft den Werten, Zielen und Grundsätzen, die durch den Erlass von Normen in die Rechtsordnung eingeführt werden, universelle Geltung über den unmittelbar formell legitimierten Anwendungsbereich hinaus.

In bestimmten Rechtsgebieten, etwa im Strafrecht, genügt eine solche mittelbare formelle Legitimation allerdings nicht. Wenn es hier in Grenzfällen zu einem Auseinanderfallen von formeller und materieller Legitimation kommt, wird der unmittelbar formellen Legitimation (der Autorität des Gesetzes) der Vorrang vor der lediglich materiellen Legitimation (dem Gerechtigkeitsprinzip) eingeräumt, die nur mit einer mittelbar formellen Legitimation einhergeht. Die Gründe dafür können unterschiedlich sein (etwa die Appellfunktion bestimmter Gesetze, die Planungs- und Rechtssicherheit in bestimmten Rechtsbereichen oder die demokratische Absicherung bestimmter Rechtseingriffe); sie brauchen aber hier nicht weiter erörtert zu werden.

Für den vorliegenden Zusammenhang kommt es entscheidend darauf an, dass die mittelbare formelle Legitimation, soweit sie nicht ausgeschlossen ist, andere Anforderungen an die Begründung einer rechtlichen Entscheidung stellt als die unmittelbare formelle Legitimation. Bei der unmittelbaren formellen Legitimation kann man sich darauf beschränken, den zur Entscheidung anstehenden Fall unter den Tatbestand des einschlägigen Gesetzes zu subsumieren. Bei einer mittelbaren formellen Legitimation dagegen muss man eine Tatbestandserweiterung oder -verkürzung der einschlägigen Norm mit Hilfe des Gleichbehandlungsgrundsatzes rechtfertigen. Der argumentative Aufwand ist im zweiten Fall ungleich höher. Man hat nicht nur eine Norm auszulegen, sondern darzutun, dass sich die Geltung der durch Auslegung ermittelten Werte, Ziele und Grundsätze auch auf den außerhalb der Norm stehenden Fall, der zur Entscheidung ansteht, erstreckt. Man muss eine argumentative Brücke vom ungeregelten Fall zur gesetzlichen Regelung herstellen. Auch wenn die Argumentation hinsichtlich der materiellen Legitimation in beiden Fällen gleich ist, unterscheidet sie sich doch im Hinblick auf die formelle Legitimation erheblich.

Aus diesem Grunde darf es bei keiner Entscheidungsbegründung im Unklaren bleiben, ob man sein Ergebnis auf ein Auslegungsverfahren oder auf ein Verfahren der Rechtsfortbildung stützt. Es sind jeweils unterschiedliche Argumente vorzutragen und unterschiedliche Gegenargumente abzuwehren.

Mit der herrschenden Meinung ist deshalb an der Wortlautgrenze als Unterscheidungskriterium zwischen Auslegung und Rechtsfortbildung festzuhalten.

Kapitel 2: Rechtsfortbildung und Logik

2.1. Die so genannten besonderen juristischen Schlussformen

Im Hinblick auf die besonderen Anforderungen, denen die Begründung einer rechtlichen Entscheidung im Fall einer Rechtsfortbildung gerecht werden muss, haben Rechtswissenschaft und -praxis im Laufe der Zeit verschiedene Argumentationsformen entwickelt. Sie werden als besondere juristische Schlussformen bezeichnet. [49] Im Einzelnen handelt es sich um

- den Analogieschluss (argumentum a simile)
- den Umkehrschluss (argumentum e contrario) sowie
- den Größen- oder Stärkenschluss, auch »Erst-recht«-Schluss genannt (argumentum a fortiori), in seinen beiden Unterarten,
  - dem Schluss vom Größeren aufs Kleinere (argumentum a maiore ad minus) und
  - dem Schluss vom Kleineren aufs Größere (argumentum a minore ad maius).

Mit Hilfe des Analogieschlusses soll eine Gesetzeslücke so geschlossen werden, dass die ungeregelten Fälle genauso entschieden werden wie die geregelten Fälle, die ihnen in bestimmten Punkten ähnlich sind. Im Ergebnis handelt es sich um eine Ausdehnung des Anwendungsbereichs einer bestimmten Norm auf solche

---

49 Die Bezeichnung »besondere juristische Schlussformen« ist allgemein verbreitet. Sie findet sich etwa bei Koch/Rüßmann, a.a.O., S. 258, und Tammelo, Ilmar/Schreiner, Helmut, Grundzüge und Grundverfahren der Rechtslogik Bd. 2, 1977, S. 109. Selbstverständlich ist damit nicht gemeint, dass es eine spezielle juristische Logik gebe. Die Logik ist immer ein und dieselbe, auch wenn ihr Einsatz in den Einzelwissenschaften wegen der Verschiedenheit der Probleme oft verschiedene Ausformungen erfordert. Dies stellen zu Recht Wagner, Heinz/Haag, Karl, Die moderne Logik in der Rechtswissenschaft, 1970, S. 7, klar. Schneider, Egon/Schnapp, Friedrich E., Logik für Juristen, 6., neubearbeitete und erweiterte Auflage 2006, S. 144, spricht zutreffender von »typischen« Schlussformen in der Rechtswissenschaft. Hier soll an der allgemein eingeführten Begrifflichkeit »besondere juristische Schlussformen« festgehalten werden. Solange man keinem sachlichen Missverständnis erliegt, dürfte dies unschädlich sein.

Sachverhalte, die zwar nicht unter den Tatbestand der Norm fallen, aber eine große Ähnlichkeit zu den vom Tatbestand erfassten Sachverhalten aufweisen.[50]

Entsprechendes gilt für den Größenschluss. Er zielt ebenfalls darauf ab, aus einer bestehenden Norm Konsequenzen für die Behandlung ungeregelter Fälle zu ziehen. Der Unterschied besteht allerdings darin, dass hier die ungeregelten nicht mit den geregelten Fällen völlig gleich gesetzt werden, sondern dass die Wertung des Gesetzes, die in der bestehenden Regelung zum Ausdruck kommt, mit graduellen Unterschieden an die ungeregelten Fälle angepasst wird.[51] Voraussetzung dafür ist jedoch, dass die geregelten und die ungeregelten Fälle eine hinreichende Ähnlichkeit besitzen, damit sie derselben Wertungsskala zuzuordnen sind. Dadurch rückt der Größenschluss zumindest in die Nähe des Analogieschlusses, wenn er nicht sogar als eine Unterart des Analogieschlusses eingestuft werden kann. [52]

Der Umkehrschluss bildet demgegenüber – nicht von der logischen Struktur, aber von der Zielsetzung her – das Gegenteil des Analogieschlusses. Mit seiner Hilfe soll dargelegt werden, dass die ungeregelten Fälle, eben weil sie nicht unter den gesetzlichen Tatbestand fallen, auch nicht genauso behandelt werden dürfen wie die geregelten.[53]

Nicht zu den besonderen juristischen Schlussformen, sondern zu den Interpretationsverfahren, wird die teleologische Reduktion[54] gezählt, die den Anwendungsbereich einer Vorschrift durch Einführung einer Ausnahmeregel einschränkt.

2.2.   Logische Qualität der besonderen juristischen Schlussformen

Die logische Qualität der besonderen juristischen Schlussformen wird in der Literatur unterschiedlich beurteilt.

Die wohl noch herrschende Meinung[55] geht – zum Teil allerdings ohne nähere Prüfung[56] – davon aus, dass sich jede dieser Schlussformen auf gültige logische

---

50 s. z. B. Schmalz, a.a.O., Rdnr. 380; Bydlinski, a.a.O., S. 475
51 s. z. B. Bydlinski, a.a.O., S. 479; Bund, a.a.O., S. 191 f; Klug, Ulrich, Juristische Logik, 4., neubearbeitete Auflage 1982, S. 146 f.
52 z. B. Bydlinski, a.a.O., S. 479; Larenz, a.a.O., S. 389, spricht von einer »nahen Verwandtschaft« beider Schlussarten
53 s. z. B. Schneider/Schnapp, S. 155 f.; Bund, a.a.O., S. 96, 190
54 Sie kommt nach h. M. bei der verdeckten Lücke zur Anwendung.
55 z. B. Bydlinski, a.a.O. S. 476; Herberger, Maximilian/Simon, Dieter, Wissenschaftstheorie für Juristen, 1980, S. 173; Kohler-Gehrig, a.a.O., S. 106 ff.; Meier, a.a.O., S. 124 ff.; Schmalz, a.a.O., S. 136 ff.
56 z. B. Bydlinski, a.a.O., S. 476; Kohler-Gehrig, a.a.O., S. 106 ff.

Schlussschemata zurückführen lasse. Nach der extremen Gegenmeinung sollen dagegen die besonderen juristischen Schlussformen, an strengen logischen Maßstäben gemessen, allesamt unzulässig sein.[57] Manche Autoren sehen sie geradezu als Beleg für eine unlogische Diskussionspraxis der Juristen an. Sie würden juristischen Argumenten nur den Schein logischer Ableitungen verleihen.[58] Mit dem Analogieschluss auf der einen Seite, der es erlaubt, die Rechtsfolge einer Norm auch dann eintreten zu lassen, wenn der Tatbestand nicht erfüllt ist, und dem Umkehrschluss auf der anderen Seite, der es verbietet, die Rechtsfolge einer Norm eintreten zu lassen, wenn der Tatbestand nicht erfüllt ist, soll sich – in angeblicher Übereinstimmung mit den Regeln der Logik – jedes gewünschte Ergebnis begründen lassen.[59]

Zwischen diesen beiden Polen werden alle denkbaren mittleren Auffassungen vertreten. Einige Schlussformen werden für gültig, andere hingegen für ungültig gehalten, wobei die Meinungen bei jeder einzelnen Schlussform auseinander gehen[60].

Die verwirrende Vielfalt von Meinungen ist in der juristischen Diskussion nichts Besonderes. Dies hängt – abgesehen von semantischen und syntaktischen Unklarheiten und Unbestimmtheiten der anzuwendenden Gesetze, die

---

57 z. B. Tammelo/Schreiner, a.a.O., S. 107 ff.; Bund, a.a.O., S. 182 ff.

58 Tammelo/Schreiner, a.a.O., S. 109

59 vgl. Kelsen, Hans, Reine Rechtslehre, 2., neubearbeitete und erweiterte Auflage, 1960, unveränderter Nachdruck 1976, S. 350

60 Verbreitet ist vor allem die Ansicht, dass der Analogieschluss (argumentum a simili) zumindest im Gewissheitsgrad problematisch sei und nur zu einer Konklusion mit Wahrscheinlichkeitswert führe (z. B. Schneider/Schnapp, a.a.O., S. 149 ff; Klug, a.a.O., S. 109 ff., trotz seines Versuchs, der Analogie eine partiell stringentere Form zu geben [S. 132 ff.]; auch Wagner/Haag, a.a.O., S. 28 ff., die allerdings der Ansicht sind, dass es sich bei der Analogie ohnehin nicht um ein formallogisches Schlussverfahren, sondern um eine rechtspolitische Argumentationsweise handelt). Entsprechendes gilt dann auch für den Größenschluss in seinen beiden Ausprägungen (argumentum a maiore ad minus und argumentum a minore ad maius), wenn er als Spezialfall der Analogie betrachtet wird. Nach anderem Standpunkt soll sich der Größenschluss in der Form des Schlusses vom Größeren aufs Kleinere (argumentum a minore ad maius) allerdings gerade dadurch vom Analogieschluss unterscheiden, dass er nicht nur Wahrscheinlichkeitsaussagen erlaube, sondern Gewissheit bringe (Schneider/Schnapp, a.a.O., S. 159 ff., allerdings mit der Anmerkung, dass die Schwierigkeit darin bestehe, die Geltung des Obersatzes nachzuweisen). Demgegenüber sei der Schluss vom Kleineren aufs Größere (argumentum a minore ad maius) in seiner logisch korrekten Form für die Rechtswissenschaft kaum zu verwenden und so, wie er in der Regel verwendet werde, logisch unzulässig (Schneider/Schnapp, a.a.O. S. 162 f.). Teilweise wird auch die Ansicht vertreten, das argumentum a fortiori sei nicht nur ein anderer Name für den Größenschluss, sondern eine davon verschiedene Argumentationsform. Diese soll aber keinen gültigen logischen Schluss darstellen (Schneider/Schnapp a.a.O., S. 163 f.). Vom Umkehrschluss (argumentum e contrario) schließlich wird vielfach behauptet, er sei so, wie er üblicherweise verwendet werde, unzulässig und könne nur in einem speziellen Sinn logische Gültigkeit in Anspruch nehmen. In dieser gültigen Form habe er aber nur beschränkte Relevanz für die juristische Diskussion (Klug, a.a.O., S. 137 ff.; Bund, a.a.O., S. 190; Koch/Rüßmann, a.a.O., S. 260 f.; Meier, a.a.O., S. 128 ff.).

stets einen Spielraum für verschiedene Auffassungen eröffnen – vor allem mit den Schwierigkeiten zusammen, die einzelnen, zu unterschiedlichen Zeiten auf der Grundlage unterschiedlicher Werte und Ziele erlassenen Regelungen zu einem in sich schlüssigen Gesamtgebilde zusammenzufügen, das den aktuellen Werten und Zielen der Rechtsgemeinschaft entspricht. Im vorliegenden Zusammenhang jedoch, in dem keine rechtspolitischen oder rechtssystematischen Fragen der Norminterpretation zu beantworten sind, sondern Aussagen zur logischen Gültigkeit von Schlussformen getroffen werden, ist der Meinungsstreit auf den ersten Blick schon erstaunlich. Die Logik – insbesondere die moderne Logik – arbeitet auf semantischer Ebene mit künstlich eingeführten Zeichen (Symbolen), die unabhängig von den Mehrdeutigkeiten und Unklarheiten der Umgangssprache sind, und auf syntaktischer Ebene mit genau definierten Regeln (formalen Operationsmethoden), nach denen die Zeichen zu bestimmten Zeichenfolgen kombiniert, auseinander abgeleitet oder ineinander überführt werden können.[61] Man sollte deshalb meinen, dass man in Fragen der formalen Logik zu eindeutigeren Ergebnissen gelangen könne.

Die Meinungsvielfalt wird indes verständlich, wenn man bedenkt, dass man die juristische Problematik der Rechtsfortbildung, bevor man sie einer logischen Prüfung unterziehen kann, zunächst in die formale Sprache der Logik übersetzen muss.[62] Die Meinungen darüber, welche logische Formalisierung erforderlich ist, um den juristisch relevanten Sinn der Argumentation richtig wiederzugeben, gehen aber weit auseinander. Dies drückt sich schon darin aus, dass einige Autoren die notwendige Formalisierung auf dem Boden der traditionellen Begriffs- oder Klassenlogik vornehmen[63], in der Regel in der von Aristoteles eingeführten Form der syllogistischen Logik[64], während andere das Instrumentarium der Aussagenlogik[65] bzw. das der modernen Prädikaten- oder Klassenlogik heranziehen[66] und eine dritte Gruppe auf den Apparat der Normenlogik (auch deontische Logik genannt) zurückgreift[67], auch unter Einschluss der relationalen Logik[68]. Da die verschiedenen Varianten der Logik unterschiedliche Reichweiten haben, also über unterschiedliche Möglichkeiten verfügen, die logische Gültigkeit von

---

61 Wagner/Haag, a.a.O., S. 15
62 Auf diesen Gesichtspunkt weisen vor allem Wagner/Haag, a.a.O., S. 18 ff., hin.
63 z. B. Schneider/Schnapp, a.a.O., S. 148 ff.
64 Schneider/Schnapp, ebenda
65 z. B. Bund, a.a.O., S. 194 ff (bezogen auf den Analogieschluss)
66 z. B. Klug, a.a.O., S. 132. ff.
67 z. B. Koch/Rüßmann, a.a.O., S. 259 ff.
68 Koch/Rüßmann, ebenda

Sätzen auszuweisen[69], kommt es bei unterschiedlichen Ansätzen auch zu unterschiedlichen Resultaten[70].

Hinter den verschiedenen Formalisierungsansätzen verbergen sich unterschiedliche Auffassungen von der juristischen Problematik der Rechtsfortbildung. Es genügt daher nicht, die Gültigkeit irgendeiner der vorgeschlagenen Formalisierungen darzutun. Vielmehr kommt es entscheidend darauf an, dass man die aus juristischer Sicht zutreffende Formalisierung heraussucht und diese als logisch korrekt erweist. Es muss sich um eine Argumentationsstruktur handeln, in der sich das Grundanliegen der Rechtsfortbildung wiederfindet, aus den Grundsätzen und Wertungen des gegebenen Regelungswerkes Konsequenzen für die Behandlung ungeregelter Fälle zu ziehen.

Welche logische Form diesen Grundgedanken adäquat zum Ausdruck bringt, ist weniger eine Frage der Logik selbst als eine der inhaltlich-juristischen Interpretation, und es ist keine Frage, die mit mathematischer Eindeutigkeit zu beantworten ist. Bei der Meinungsverschiedenheit handelt es sich also nicht um einen Streit über die Gesetze der Logik, sondern über unterschiedliche Auffassungen darüber, wie das Verfahren der Rechtsfortbildung in der formalen Sprache der Logik zu rekonstruieren ist. Diese (außerlogische) Frage hat für die (logische) Frage nach der Gültigkeit der Schlüsse vorentscheidende Bedeutung. Sobald man sich auf eine bestimmte Rekonstruktionen festgelegt hat, steht damit auch das logische Schicksal des entsprechenden Schlusses fest: Er ist logisch korrekt, wenn die Rekonstruktion mit einem gültigen Schlussschema übereinstimmt, und inkorrekt, wenn dies nicht der Fall ist.[71]

2.3.   Zur Relevanz der Logik in der juristischen Diskussion

Fraglich ist jedoch, welche Relevanz logischen Schlussformen überhaupt in der juristischen Diskussion beizumessen ist. Überwiegend wird dies eher skeptisch gesehen. So hebt z.B. *Larenz*[72] hervor, dass es sich bei der Rechtsfortbildung um einen Vorgang wertenden Denkens handele und nicht lediglich um eine

---

69 s. zum Unterschied von traditioneller Begriffslogik zur Aussagenlogik und modernen Prädikatenlogik z.B. Bund, a.a.O., S. 13 ff, 63 ff. und zu den unterschiedlichen Möglichkeiten von Begriffs- und Aussagenlogik, die Gültigkeit von Sätzen auszuweisen: Tugendhat, Ernst/Wolf, Ursula, Logisch-semantische Propädeutik, 1983, S. 67 bis 126

70 Das Nebeneinander unterschiedlicher Systeme der Logik und die Notwendigkeit, sich (begründet) für eines entscheiden zu müssen, wird in der Rechtstheorie oft zu wenig beachtet (s. Neumann, Ulfried, Juristische Argumentationslehre, 1986, S. 32

71 s. Tugendhat/Wolf, a.a.O., S. 47

72 Larenz, a.a.O., S. 382, insb. Fußnote 32

formallogische Gedankenoperation, und *Wagner/Haag*[73] erklären, dass es in der Rechtswissenschaft auf die inhaltliche Argumentation ankomme, während sich die Logik nur mit formalen Ableitungsbeziehungen beschäftige.

Ist diese Skepsis begründet?

Exkurs: Zum Begriff der Logik

Gegenstand der Logik sind die Prinzipien des gültigen Schließens.[74]

Gültigkeit bedeutet, wie schon Aristoteles formulierte, dass sich der Schluss mit Notwendigkeit aus den Prämissen ergibt.[75] Darunter ist kein dynamischer Vorgang, sondern eine statische Relation zu verstehen: Es ist unmöglich, dass die Prämissen wahr sind (dass das, was sie aussagen, zutrifft[76]), und der Schluss falsch ist (dass das, was er aussagt, nicht zutrifft).[77] Gültigkeit ist somit eine Relation zwischen den Wahrheitswerten der zueinander in Beziehung gesetzten Aussagen. *Wenn* die Prämissen wahr sind, *dann* ist auch die Konklusion notwendig wahr.[78]

Offen bleibt allerdings noch die Frage, worin diese (logische) Notwendigkeit begründet liegt. Hier hilft der Begriff der Analytizität weiter. Ein Satz wird

---

73 Wagner/Haag, a.a.O., S. 32; sie halten die besonderen juristischen Schlussformen für Formalisierungen, die nur dazu führen, die eigentlich juristische, also die rechtspolitisch-teleologische Arbeit in entfernte Operationsschritte zu verschieben und mit einer rechtspolitisch insignifikanten Terminologie zu verschlüsseln.

74 Gemeint sind keine psychologischen Gesetze des Denkens, sondern nicht-empirische Gesetze. Dies ist seit der Begründung der Logik durch Aristoteles nie ernsthaft bezweifelt worden (eine Ausnahme bildet in neuerer Zeit Willard Van Orman Quine in seinem Aufsatz »Two Dogmas of Empiricism« von 1951, abgedruckt in: ders., From a Logical Point of View, 1953, S. 20–46.) Gleichwohl herrschte lange Zeit eine sogenannte psychologistische Auffassung vor. Während die klassische Logik, die von Aristoteles bis zum ausgehenden Mittelalter reicht, die logischen Gesetze als Gesetze des Seins bzw. der Wirklichkeit verstand (ontologische Auffassung), war in der neuzeitlichen Logik, beginnend mit der Logik von Port Royal (1662), eine psychologistische Auffassung maßgebend. Dies zeigt sich sogar noch in Kants Definition der Logik als »… Wissenschaft von den notwendigen Gesetzen des Verstandes und der Vernunft überhaupt oder, welches einerlei ist, von der Form des Denkens überhaupt« (Kant, Immanuel, Logik, in: Gesammelte Schriften, Bd. 9, 1923, S. 13). Die moderne Auffassung orientiert sich stattdessen in erster Linie an der Sprache (linguistische Auffassung). Als Gegen-stand der Logik werden heute üblicherweise die Prinzipien des gültigen Schließens genannt (vgl. z. B. Kneale, William and Martha, The Development of Logic, 1962, S. 1), soweit die Gültigkeit allein auf der Form der Aussagen beruht.

75 Aristoteles, Analytica Priora, in: Opera, hrsg. von der Preußischen Akademie der Wissenschaften, 1831 ff, A1, 24 b 19

76 Dies ist zugegebenermaßen ein etwas einfacher Begriff der (faktischen) Wahrheit, der aber für den vorliegenden Zusammenhang vollkommen ausreicht (vgl. auch Bucher, Theodor G., Einführung in die angewandte Logik, 2. Auflage 1998, S. 12; Wittgenstein, Ludwig, Tractatus logico-philosophicus (1921), in: Schriften, Bd. 1, 1960, 4.022: Ein »… Satz zeigt, wie es sich verhält, wenn er wahr ist.«

77 vgl. Tugendhat/Wolf, a.a.O., S. 32

78 Tugendhat/Wolf, ebenda

analytisch genannt, wenn sich seine Wahrheit oder Falschheit allein durch eine Untersuchung seiner Bedeutung, also ohne Rückgriff auf irgendwelches Erfahrungswissen, feststellen lässt.[79] Der Schluss »Die Übertragung des Eigentums an dieser Sache ist eine Schenkung, also ist sie unentgeltlich«, ist analytisch wahr, weil mit »Schenkung« nichts anderes gemeint ist als »unentgeltliche Vermehrung des Vermögens eines anderen«.[80]

Analytisch wahre Schlüsse geben somit keine neuen Informationen[81]. Aus diesem Grunde nennt man sie auch Tautologien.[82] Informativ sind sie nur in den Fällen, in denen man den Prämissen – etwa wegen deren Menge oder Komplexität – nicht unmittelbar ansieht, was sie im Einzelnen implizieren.

Grundsätzlich kann man zwei Formen der Analytizität unterscheiden: die inhaltliche und die formale Analytizität. Die erste beruht auf den semantischen Bezügen der in den Sätzen verwendeten Begriffe, die zweite auf den syntaktischen Konstruktionen der die Begriffe verwendenden Sätze, also auf der Bedeutung der Satzoperatoren (wie »alle«, »einige«, »und«, »oder«, »nicht«), mit denen die Begriffe aufeinander bezogen werden.[83]

Der Schluss »Die Übertragung des Eigentums an dieser Sache ist eine Schenkung, also ist sie unentgeltlich« ist z. B. inhaltlich-analytisch, der Schluss »Alle Pfandrechte sind Sicherungsrechte für eine Forderung«, »Alle Hypotheken sind Pfandrechte«, »Also sind alle Hypotheken Sicherungsrechte für eine Forderung« dagegen formal-analytisch. Die formale Analytizität des zuletzt genannten Schlusses zeigt sich darin, dass es für seine Wahrheit nicht auf die Inhalte der Begriffe »Pfandrechte«, »Sicherungsrechte für eine Forderung« und »Hypotheken« ankommt. Statt dieser Begriffe kann man beliebige andere Begriffe einsetzen, ohne dass sich am Wahrheitswert der Konklusion etwas ändert. Seine Gültigkeit liegt nur im Satzschema begründet.[84] Dieses Satzschema hat, wenn man an Stelle inhaltlicher Ausdrücke künstliche Symbole (Variablen) verwendet, folgende Form: »Alle A sind M«, »Alle M sind B«, also: »Alle A sind B«.[85]

---

79 s. Tugendhat/Wolf, a.a.O., S. 40 ff.

80 Die analytische Wahrheit steht in engem Zusammenhang mit dem Satz vom ausgeschlossenen Widerspruch. Dieser Satz besagt, dass man nicht ein und dieselbe Behauptung gleichzeitig aufstellen und bestreiten kann, weil man sonst gar nichts sagen, sondern seine Rede selbst aufheben würde. Wer etwas aussagen will, muss sich an dieser Aussage festhalten lassen und alle Umformulierungen gelten lassen, die zu bedeutungsgleichen oder partiell bedeutungsgleichen Aussagen führen. Dies ist mit analytischer Wahrheit gemeint (vgl. Tugenhat/Wolf, a.a.O., S. 50 ff.).

81 Daher sind die Einsichten, die sie in Begründungszusammenhänge gewähren, oft trivial. S. insoweit Neumann, a.a.O., S. 17 ff.

82 s. Tugendhat/Wolf, a.a.O., S. 42

83 s. Tugendhat/Wolf, a.a.O., S. 44 ff.

84 Den Begriff »Schema« verwendet z. B. Quine, Williard Van Orman, Methods of Logic, 1952, § 5t.

85 Schon Aristoteles, a.a.O., A 1, 24b, 16 ff. orientierte sich an Satzschemata und benutzte solche Buchstabenvariablen.

Nur die formale Analytizität entspricht dem Begriff der logischen Gültigkeit. Die Logik befasst sich also nicht mit der Frage, ob die Bedeutung eines Ausdrucks in der Bedeutung eines anderen Ausdrucks enthalten ist[86], sondern mit der Frage, welche Sätze allein aufgrund ihrer Form (der verwendeten Satzoperatoren), unabhängig von der Bedeutung der verwendeten Begriffe, in anderen Sätzen enthalten sind.[87] Eine Schlussform (auch Schlussschema genannt) wird genau dann als gültig betrachtet, wenn jeder konkrete Schluss, der diese Form aufweist (also jeder Schluss, in dem man für die Variablen des Schemas inhaltliche Ausdrücke einsetzt) analytisch wahr ist.[88]

Der Schluss über die Pfandrechte und Hypotheken ist analytisch wahr bzw. gültig, weil er einen Anwendungs- oder Einsetzungsfall eines gültigen Schemas darstellt. Demgegenüber ist der Schluss »Wenn die Eigentumsübertragung eine Schenkung ist, dann ist sie unentgeltlich« zwar inhaltlich-analytisch, aber nicht formal-analytisch und somit nicht logisch gültig. Das entsprechende Schema »Wenn A ein M ist, dann ist A ein B«, ist nicht gültig, weil die Wahrheit eines Satzes dieser Form davon abhängt, durch welche konkreten Begriffe man »A«, »M« und »B« ersetzt.

Die Logik ist also, wie man abschließend sagen kann, die Lehre von den Regeln des korrekten, d.h. auf formal-analytischen Verhältnissen beruhenden Schlussfolgerns.

Nach diesen Ausführungen scheint die Skepsis hinsichtlich der Relevanz der Logik für die juristische Diskussion überhaupt und insbesondere auch für Fragen der Rechtsfortbildung auf den ersten Blick hin berechtigt zu sein, und zwar aus zwei Gründen:

– Erstens sagt die Gültigkeit eines Schlusses nichts über die Wahrheit der Prämissen und damit auch nichts über die Wahrheit der Konklusion aus. Gültigkeit bedeutet lediglich, dass die Konklusion wahr ist, *wenn* die Prämissen wahr sind. Ob diese Voraussetzung tatsächlich zutrifft, kann man mit Mitteln der Logik gar nicht entscheiden.
– Zweitens ist der Informationswert logischer Schlussfolgerungen gering, da die Konklusion keine neuen Aussagen trifft, sondern nur Aussagen wiederholt, die in den Prämissen bereits enthalten sind. Der tautologische Charakter der Schlüsse bringt letztlich – jedenfalls dann, wenn sich die Unübersichtlichkeit der Prämissen in Grenzen hält – offenbar nur triviale Ergebnisse hervor.

---

86 Dies ist eine eher empirische Frage, die nur anhand des Verhaltens kompetenter Vertreter einer Sprachgemeinschaft zu entscheiden ist.
87 Tugendhat/Wolf, a.a.O., S. 45
88 Tugendhat/Wolf, ebenda

Dem ersten Einwand ist insofern beizupflichten, als die formal-analytische Wahrheit für sich allein genommen nicht ausreicht, um ein Argumentationsziel – hier die Rechtfertigung einer Rechtsfortbildung – zu erreichen. Hinzu kommen muss noch der Nachweis, dass die in der Argumentation verwendeten Prämissen tatsächlich wahr sind (zutreffen). Dies bedeutet aber nicht, dass die Verwendung logisch gültiger Schlussverfahren irrelevant wäre. Die formal-analytische Wahrheit ist notwendig, um überzeugend darzutun, dass die Wahrheit der Konklusion durch die Wahrheit der Prämissen hinreichend begründet ist. Der Nachweis, dass die Prämissen wahr sind, hilft ja für sich allein genommen ebenfalls nicht weiter. Darüber hinaus muss noch aufgezeigt werden, dass die Prämissen ausreichen, die Konklusion zu rechtfertigen.

Aus der gleichen Überlegung muss auch der zweite Einwand zurückgewiesen werden. Jede Argumentation zielt auf die Begründung eines Satzes durch andere Sätze ab, wobei die Begründungssätze den zu begründenden Satz dadurch rechtfertigen sollen, dass sich aus ihrer Akzeptanz die Notwendigkeit ergeben soll, auch ihn zu akzeptieren. Kriterien für das Vorliegen dieser Notwendigkeit sind die Regeln der Logik. Die Verwendung logischer Schlussverfahren zwingt dazu, die Prämissen, die man benötigt, um eine bestimmte Aussage zu begründen, vollständig anzugeben (explizit zu machen)[89]. Erst wenn man alle Aussagen zusammengetragen hat, die dem Schluss Gültigkeit verleihen, ist dieses Ziel erreicht.

Was man von der Verwendung logischer Schlussformen erwarten kann, ist also keine Entscheidung darüber, ob die in der juristischen Diskussion getroffenen Aussagen über Werte, Ziele und Grundsätze der Rechtsordnung zutreffen (dieser Teil der Argumentation muss mit Mitteln der juristischen Interpretation bestritten werden). Der Logik obliegt vielmehr die Klärung der Frage, welche Prämissen man zur Begründung einer bestimmten Aussage benötigt, welche Voraussetzungen man insgesamt bejahen muss, wenn man eine bestimmte Aussage rechtfertigen will. Gelingt es nicht, die Prämissen zu finden, die eine Argumentation schlüssig machen, ist der rationale Wert der Argumentation zweifelhaft und ihre Überzeugungskraft gering. So gesehen, sind die Ergebnisse der Anwendung logischer Schlussverfahren keineswegs trivial. Bei der großen Bedeutung, die der Diskussion für die Weiterentwicklung der Rechtsordnung zukommt, ist dieser Teil der Argumentation ebenso wichtig wie der inhaltliche. Auf ihm beruht weit gehend die Rationalität der vorgetragenen Argumente und damit letzten Endes die Rationalität der Rechtsordnung selbst.

---

89 s. Neumann, Ulfried, Juristische Argumentationslehre 1986, S. 30; Puppe, Ingeborg, Die logische Tragweite des sog. Umkehrschlusses, in: Festschrift für Karl Lackner zum 70. Geburtstag, hrsg. von Küper, Wilfried u.a., 1987, S. 200 ff.; dies. Kleine Schule des juristischen Denkens, 2008, S. 135

Teil II
Logische Untersuchung

Ziel und Vorgehensweise

In der nachfolgenden Untersuchung soll geklärt werden, inwieweit sich die besonderen juristischen Argumentationsformen in formallogisch gültigen Schlussschemata darstellen lassen.

Dabei wird ein Hauptaugenmerk auf die Übersetzung der juristischen Argumentation in die formale Sprache der Logik, also auf die Formalisierung der Schlüsse, zu legen sein. Die Auseinandersetzung mit den einzelnen in der Literatur vertretenen Auffassungen wird immer auch die Frage einschließen, ob die gewählte Formalisierung als adäquate Wiedergabe der juristischen Problematik anzusehen ist.

Am Anfang der logischen Überprüfung wird der Analogieschluss stehen (Kapitel 1). Erst danach werden der Umkehrschluss (Kapitel 2) und der Größenschluss (Kapitel 3) behandelt.

Diese Reihenfolge ist schon deshalb geboten, weil der Umkehrschluss nur vom Analogieschluss her verstanden werden kann. Er ist seinem Sinn nach darauf ausgerichtet, den Analogieschluss zu verbieten. Der Größenschluss wiederum ist daraufhin zu untersuchen, ob und ggf. welchen (strukturellen) Unterschied er zum Analogieschluss aufweist.

Darüber hinaus ergibt sich die Vorrangstellung des Analogieschlusses daraus, dass er der am häufigsten angewandte Schluss im Rahmen der Rechtsfortbildung ist. Aus diesem Grunde nimmt er in der nachfolgenden Untersuchung eine Schlüsselstellung ein. An seinem Beispiel werden die Grundlagen für die logische Formalisierung juristischer Argumentationsweisen erarbeitet, die anschließend auch auf den Umkehrschluss und den Größenschluss übertragen werden.

Kapitel 1: Der Analogieschluss

1.1. Juristische Problemstellung

1.1.1. Begriff und Anwendungsbereich der Analogie

Unter Analogie versteht man in Rechtswissenschaft und -praxis[90] die Übertragung einer gesetzlichen Reglung, die für eine bestimmte Fallgestaltung aufgestellt wurde, auf eine andere Fallgestaltung, die keine ausdrückliche Regelung im Gesetz gefunden hat. Der rechtfertigende Grund für die Übertragung soll darin liegen, dass die ungeregelte Fallgestaltung eine große Ähnlichkeit zu der Fallgestaltung aufweist, für die das Gesetz aufgestellt wurde.[91]

Die so definierte Analogie ist in ihrer Anwendung nicht auf den Bereich der richterlichen Rechtsfortbildung beschränkt, sondern umfasst auch das Instrument der Verweisung, dessen sich die Gesetze selbst bedienen, wenn sie die entsprechende Anwendung einer anderen Norm anordnen.[92] Bei der Verweisung fehlt es indes, da sie positiv geregelt ist, an der Notwendigkeit einer Rechtsfortbildung. Es bedarf in ihrem Zusammenhang nicht der Frage, ob die Ähnlichkeit des anderen Sachverhalts groß genug ist, um eine analoge Anwendung der in

---

90 Die Bildung von Analogien ist nicht nur in der Rechtswissenschaft bekannt, sondern auch in vielen anderen Wissenschaften. In der Biologie unterscheidet man z. B. eine Analogie im engeren Sinn, mit der man die funktionelle Gleichartigkeit von Organen bezeichnet, von der Homologie, unter der man die morphologische Gleichwertigkeit versteht (vgl. Clauberg, Karl-Wilhelm/Dubislav, Walter, Systematisches Wörterbuch der Philosophie, 1923, S. 95). Spengler hat diese Unterscheidung auf den Bereich der Geschichtsphilosophie übertragen (s. Spengler, Oswald, Der Untergang des Abendlandes. Umrisse einer Morphologie der Weltgeschichte, Band I, S. 148). In der Geometrie und der Mathematik bedeutet »Analogie« in der Regel »Verhältnisgleichheit«, auch »Isomorphie« genannt. In allen diesen Zusammenhängen kommt der Analogie eine jeweils spezifische Bedeutung und spezielle Funktion zu, die sich von der Bedeutung und Funktion der juristischen Analogie unterscheidet (vgl. Bund, a.a.O., S. 187; im Ergebnis auch Klug, a.a.O., S. 116 ff.).
91 vgl. z. B. Larenz, a.a.O., S. 381 ff.; Enneccerus-Nipperdey, Lehrbuch, § 58, II 1; Bovensiepen, Rudolf, Analogie und argumentum e contrario, in: Handwörterbuch der Rechtswissenschaft, Bd. I, S. 133 ff.
92 Darauf weist zu Recht z. B. Kohler-Gehrig, a.a.O., S. 10, hin.

Bezug genommenen Norm zu rechtfertigen. Diese Entscheidung hat bereits das Gesetz selbst getroffen. Es mag zwar in einzelnen Punkten unklar bleiben, wie weit eine Analogie im Sinne der Verweisung reicht[93], doch die grundsätzliche Anwendbarkeit der Norm auf den anderen Sachverhalt steht nach der gesetzlichen Anordnung außer Zweifel.

Ganz anders verhält es sich dagegen bei der Analogie, die im Rahmen der richterlichen Rechtsfortbildung eingesetzt wird. Hier kann man sich nicht auf eine Anordnung im Gesetz selbst berufen, sondern muss einen besonderen Nachweis dafür erbringen, dass man berechtigt ist, die Regel, die das Gesetz für einen bestimmten Sachverhalt aufgestellt hat, auf einen anderen Sachverhalt zu übertragen.

1.1.2. Ähnlichkeit und Gleichwertigkeit der Fälle

Nach Auffassung des Bundesgerichtshofs ist eine Analogie zulässig, wenn der vom Gesetz nicht erfasste Sachverhalt dem vom Gesetz geregelten Fall so ähnlich ist, dass es sich bei ihrer Gleichbehandlung um ein Gebot der Gerechtigkeit handelt.[94] Damit ist allerdings kein präziser Maßstab für die im Einzelfall erforderliche Ähnlichkeit gegeben, sondern nur der abstrakte Rechtsgedanke genannt, auf dem die Analogie als solcher basiert: Sie gilt als Anwendungsfall des allgemeinen anerkannten Gerechtigkeitsprinzips, nach dem Gleichartiges gleich zu behandeln ist.[95]

Der Rekurs auf den Gleichbehandlungsgrundsatz ist aber insofern problematisch, als die beiden fraglichen Sachverhalte eben nicht vollkommen gleich, sondern nur ähnlich sind. Sie stimmen lediglich in einigen Hinsichten miteinander überein, weichen aber in anderen voneinander ab.[96] Fraglich ist daher, wie weit die Übereinstimmung gehen muss, um nach dem Gleichbehandlungsgrundsatz eine Analogie zu rechtfertigen.

Einigkeit besteht darin, dass eine Gemeinsamkeit der Sachverhalte in den *wesentlichen* Merkmalen vorausgesetzt ist. Beide Fallgestaltungen müssen gerade in den für die rechtliche Bewertung maßgeblichen Hinsichten übereinstimmen und dürfen keine Unterschiede aufweisen, die einer rechtlichen Gleichbehandlung entgegenstehen.[97] Die Gemeinsamkeiten und Unterschiede beider Fallge-

---

93 Dies gilt insbesondere bei recht pauschalen Verweisungen (s. z. B. § 173 VwGO, demzufolge das Gerichtsverfahrensgesetz und die Zivilprozessordnung, soweit die VwGO keine Bestimmung über das Verfahren enthält, entsprechend anzuwenden sind, wenn die grundsätzlichen Unterschiede der beiden Verfahren dies nicht ausschließen).
94 S. BGHSt 7, 190 (193); BGHZ 127 (146 ff.)
95 vgl. auch Larenz, a.a.O., S. 381; Kohler-Gehrig, a.a.O., S. 107; Schneider/Schnapp, a.a.O., S. 150
96 s. Larenz, a.a.O., S. 381
97 s. z. B. Bydlinski, a.a.O., S. 475 f.; Enneccerus-Nipperdey, a.a.O., § 58, II 1; Bovensiepen, a.a.O., S. 133; Larenz, a.a.O., S. 381 f.

staltungen sind also auf ihre Relevanz oder Irrelevanz im Hinblick auf die ratio legis der analog anzuwendenden Norm zu prüfen.[98]

Zwei Sachverhalte können danach große Unterschiede zueinander aufweisen und trotzdem rechtlich gleich zu bewerten sein; umgekehrt können Sachverhalte, die nur geringfügige Abweichungen zeigen, eine andere rechtliche Bewertung erfahren. Es kommt eben auf die Ähnlichkeit in rechtlicher Hinsicht an, nicht auf die Ähnlichkeit in anderen Beziehungen. Manche Autoren sprechen ausdrücklich von einer (maßgeblichen) *Rechts*ähnlichkeit im Unterschied zur (unmaßgeblichen) äußeren Ähnlichkeit[99] der Sachverhalte.[100]

Dies wirft aber neue Verständnisschwierigkeiten auf: Zunächst sollte die Ähnlichkeit der Sachverhalte als Grund für die gleiche rechtliche Bewertung herangezogen werden. Nun soll umgekehrt die Ähnlichkeit der Sachverhalte von ihrer rechtlichen Gleichwertigkeit abhängen.[101] Es hat den Anschein, als bewege sich die Argumentation im Kreis.

Der vermeintliche Zirkel lässt sich nur auflösen, wenn man präzise Formulierungen verwendet: Man muss das Ergebnis der rechtlichen Bewertung von den Bewertungskriterien unterscheiden, die zu dieser Bewertung führen. Die rechtliche Gleichwertigkeit des geregelten und des ungeregelten Falles stellt das Bewertungsergebnis dar, das auf der Ähnlichkeit der Sachverhalte beruht, während die Ähnlichkeit der Sachverhalte darin besteht, dass sie in allen Merkmalen übereinstimmen, die den Bewertungskriterien entsprechen.

Dabei sind die Bewertungskriterien in positive und negative zu gliedern: in solche, die angeben, welche Sachverhaltsmerkmale vorliegen müssen, um eine bestimmte Bewertung zu rechtfertigen, und in solche, die aussagen, welche Sachverhaltsmerkmale nicht vorliegen dürfen, weil sie diese Bewertung ausschließen würden. Die entscheidende Aussage der Analogie lautet, dass beide Sachverhalte dieselben Bewertungskriterien erfüllen und deshalb gleich zu bewerten sind.

1.1.3. Korrektur des Gesetzes

Wenn man die Unterschiede des vom Gesetz erfassten und des ungeregelten Sachverhalts nach den einschlägigen Bewertungskriterien für unbeachtlich und ihre Gemeinsamkeiten für ausreichend hält, um die im Gesetz vorgesehene Rechtsfolge zu begründen, erklärt man damit gleichzeitig die Tatbestandsmerkmale des Gesetzes, die den geregelten vom ungeregelten Sachverhalt abgrenzen, entgegen dem ausdrücklichen Gesetzeswortlaut für unerheblich. Die Un-

---

98 s. Larenz, a.a.O., S. 381
99 Bydlinski, a.a.O., S 475
100 Der Ausdruck »äußere Ähnlichkeit« darf wohl als missglückte Formulierung gelten. Gemeint sind alle Ähnlichkeiten in anderer als rechtlich maßgeblicher Hinsicht.
101 Kohler-Gehrig, a.a.O., S. 106

terscheidung zwischen relevanten und irrelevanten Merkmalen verlagert sich in den Tatbestand des Gesetzes selbst hinein. Man löst die Regelung aus ihrem spezifischen Anwendungsbereich und verallgemeinert sie, indem man von den Tatbestandsmerkmalen, die diesen spezifischen Anwendungsbereich beschreiben, abstrahiert, und nur die Tatbestandsmerkmale stehen lässt, die auch auf den nicht geregelten Fall zutreffen.[102] Dies bedeutet aber, dass man eine Modifikation der bestehenden Regelung gegen den ausdrücklichen Wortlaut des Gesetzes vornimmt.[103] Es handelt sich um eine *Korrektur* des Gesetzes.

Diese Gesetzeskorrektur darf bei der Rechtsfortbildung nicht von außen erfolgen, nicht von einem anderen rechtspolitischen und axiologischen Standpunkt aus, sondern sie muss von innen vorgenommen werden, nach Maßgabe der rechtspolitischen Zwecke und Werte, die in der analog angewandten Norm selbst zum Ausdruck kommen. Der Richter kann sich bei der Gleichsetzung des ungeregelten Falles mit dem geregelten nur auf diejenigen Bewertungskriterien berufen, die der gesetzlichen Regelung selbst zu Grunde liegen.

1.1.4.   Arten der Analogie

Gewöhnlich unterscheidet man zwischen zwei Arten der Analogie: der Gesetzes- und der Rechtsanalogie.[104] Bei der Gesetzesanalogie, auch Einzelanalogie genannt[105], soll eine einzelne gesetzliche Regelung, genauer gesagt, ihre Rechtsfolge, auf eine ungeregelte Fallgestaltung übertragen werden. Bei der Rechts- oder Gesamtanalogie[106] soll dagegen aus mehreren Regelungen mit vergleichbaren Rechtsfolgen auf ein gemeinsames Rechtsprinzip geschlossen werden, nach dem dann auch der gesetzlich nicht geregelte Fall zu behandeln ist.

---

102 Larenz, a.a.O., 384 f., spricht nicht von einer Verallgemeinerung des Tatbestandes, sondern von der Formulierung eines allgemeinen Rechtsgrundsatzes, der auf beide Sachverhalte anwendbar ist. Ein sachlicher Unterschied dürfte damit aber nicht gemeint sein. Pawlikowski, Methodenlehre für Juristen, S. 215 ff., ordnet die hier gegebene Darstellung dem Analogiemodell der Begriffsjurisprudenz zu, das durch die Analogiemodelle der Interessen- und insbesondere der modernen Wertjurisprudenz verbessert worden ist. Gleichwohl kann man das Modell der Begriffsjurisprudenz als (vereinfachtes) Grundmodell ansehen und die Ausdehnung der gesetzlichen Regelung als Verallgemeinerung des Tatbestandes darstellen. Man muss sich nur darüber im Klaren sein, dass die Verallgemeinerung des Tatbestandes unter Berücksichtigung der maßgeblichen beteiligten Interessen und auf der Grundlage der Bewertungskriterien des Gesetzgebers erfolgt.

103 Larenz, a.a.O., S. 397, spricht ausdrücklich von einer teleologisch begründeten Korrektur des Gesetzes.

104 z. B. Bydlinski, a.a.O., S. 477; Enneccerus-Nipperdey, a.a.O., § 58, II 1a.b; Schneider/Knapp, a.a.O., S. 154

105 s. Larenz, a.a.O., S. 383

106 ebenda

Beispiele für Gesetzesanalogien

Aus der Vielzahl von Beispielsfällen zu Gesetzesanalogien, die sich in der Rechtsprechung finden lassen, seien folgende herausgegriffen:

- Die Vorschrift des § 12 BGB gesteht natürlichen Personen bei einer Beeinträchtigung ihres Namens einen Beseitigungsanspruch und, wenn künftige Beeinträchtigungen zu besorgen sind, einen Unterlassungsanspruch zu. Diesen Namensschutz hat der Bundesgerichtshof[107] wie vorher bereits das Reichsgericht[108] auf juristische Personen übertragen. Er hat die Analogie damit begründet, dass juristische Personen ebenso wie natürliche Personen Rechtssubjekte sind und ihre Namen zu dem Zweck führen, den Namensträger in der Öffentlichkeit in auffälliger Weise ständig von seinesgleichen zu unterscheiden.
- Nach § 39 Abs. 1 lit. a OBG NW steht dem Nichtstörer, der von den Ordnungsbehörden zur Abwehr einer Gefahr in Anspruch genommen wurde, ein Entschädigungsanspruch zu. Der Bundesgerichtshof[109] wendet diese Vorschrift (und die vergleichbaren Vorschriften in anderen Bundesländern) analog an, wenn der Betroffene nur Anscheinstörer war, von dem – ex post betrachtet – tatsächlich keine Gefahr ausging. Der Anscheinstörer soll im Sinne eines gerechten Interessenausgleichs wie ein Nichtstörer behandelt werden, wenn es nicht um die Gefahrenabwehr, sondern um Fragen der Entschädigung geht.
- Nach § 22 Nr. 1 StPO ist ein Richter vom Verfahren auszuschließen, wenn er durch die in Rede stehende Straftat selbst verletzt ist. Diese Vorschrift wird auf Staatsanwälte, deren Ausschließung bzw. Ablehnung in der StPO nicht geregelt ist, entsprechend angewandt. Gleiches gilt für § 22 Nr. 2 und Nr. 3 StPO, wenn sie mit dem Beschuldigten verheiratet oder verwandt sind, und nach § 22 Nr. 4 Alt. 1 StPO, wenn sie im selben Verfahren bereits als Zeuge aufgetreten sind. Wie bei Richtern so stellt auch eine Voreingenommenheit bei Staatsanwälten eine Gefahr für die wahre und gerechte Urteilsfindung dar.

Beispiele für Rechtsanalogien

Die bekanntesten Beispiele für Rechtsanalogien sind inzwischen durch das Gesetz zur Modernisierung des Schuldrechts vom 26. November 2001 in kodifiziertes Recht überführt worden:

- Aus §§ 554a a.F. (jetzt von § 543 Abs. 1 mit umfasst), 626 und 723 BGB, die eine Kündigung bestimmter Dauerverträge – Miet-, Dienst- und Gesellschafts-

---

107 BGHZ 124, 178; nach BVerwG 44, 353 f., gilt der Namensschutz auch für juristische Personen des öffentlichen Rechts im Privatrechtsverkehr
108 z. B. RGZ 78, 102 ff.
109 S. z. B. BGH DVBl. 1992, 1159

verträge – aus wichtigem Grund zulassen bzw. zuließen, hatten Rechtsprechung[110] und Literatur[111] den Grundsatz abgeleitet, dass bei *allen* Dauer-
schuldverhältnissen eine Kündigung aus wichtigem Grund möglich sei, und
diesen Grundsatz auch auf solche Dauerschuldverhältnisse angewandt, für
die das Gesetz keine entsprechende Regelung enthielt (z. B. Franchise-[112],
Automatenaufstellungs-[113], Bierlieferungs-[114] und Wärmelieferungsvertrag[115]). Die Verallgemeinerung wurde damit begründet, dass alle Dauerschuldverhältnisse eine besondere gegenseitige Interessenverflechtung mit
sich brächten und eine persönliche Zusammenarbeit, ein gutes Einvernehmen
bzw. ein ungestörtes gegenseitiges Vertrauen der Beteiligten erforderten[116],
weshalb der Wegfall dieser Basis als wichtiger Kündigungsgrund anzuerken-
nen sei. Im Zuge der Schuldrechtsreform hat der Gesetzgeber diesem Grundsatz nunmehr mit der Regelung des § 314 BGB Rechnung getragen.
– Aus den §§ 280 a.F., 286 a.F., 325 a.F., 326 a.F. BGB hatten Rechtsprechung und
Lehre[117] auf eine *allgemeine* Schadensersatzpflicht aus positiver Vertragsverletzung geschlossen und aus den §§ 122, 179, 307 a.F., 309 a.F., 663 BGB auf
eine *grundsätzliche* Ersatzpflicht für Verschulden bei Vertragsschluss (culpa
in contrahendo). Beide Rechtsfiguren haben durch die Schuldrechtsreform
eine ausdrückliche gesetzliche Grundlage erhalten: Die positive Vertragsverletzung (als sog. Pflichtverletzung) ist in § 280 BGB mit enthalten, die culpa in
contrahendo in § 311 Abs. 2 und 3 BGB geregelt.

Ein weiterer wichtiger Beispielsfall hat jedoch auch durch die Schuldrechtsreform keine gesetzliche Regelung erhalten und ist sogenanntes Richterrecht
geblieben:

– Der in § 12 BGB geregelte Beseitigungs- und Unterlassungsanspruch bei Na-
mensbeeinträchtigungen, der auf § 862 beruhende Beseitigungs- und Unter-
lassungsanspruchs bei Beeinträchtigungen des Besitzes und der aus § 1004
folgende Beseitigungs- und Unterlassungsanspruch bei Beeinträchtigung des
Eigentums sind durch die herrschende Lehre und Praxis[118] zu einem allge-

---

110 s. Fußnoten 113 bis 116
111 Palandt, Bürgerliches Gesetzbuch – Kommentar, 67., neubearbeitete Auflage 2008, § 314,
   Rdnr. 1 (Bearbeiter: Grüneberg)
113 Hamburg MDR 1976, 577
114 BGH LM § 242 (Bc) Nr. 10 u. 23
115 BGHZ 64, 293
116 vgl. BGHZ 9, 157 (161 ff.)
117 zur positiven Vertragsverletzung s. Palandt-Heinrichs, Bürgerliches Gesetzbuch – Kommentar, 60., neubearbeitete Auflage 2001, § 276, Rdnr. 104 ff.; zur culpa in contrahendo s. RGZ
   95, 58; BGHZ 6, 333; 66, 54; Palandt-Heinrichs, Bürgerliches Gesetzbuch – Kommentar, 60.,
   neubearbeitete Auflage 2001, § 276 Rdnr. 65 ff.
118 s. Palandt-Bassenge, Bürgerliches Gesetzbuch – Kommentar, 67., neubearbeitete Auflage
   2008, § 1004, Rdnr. 4, mit weiteren Nachweisen

meinen Beseitigungs- und Unterlassungsanspruch bei Störungen absoluter Rechte (Leben, Gesundheit, Freiheit, allgemeines Persönlichkeitsrecht, Recht am eigenen Bild usw.[119]) ausgeweitet worden, auch wenn das Gesetz im Einzelfall keinen solchen Rechtsschutz vorsieht.

Ob die Unterscheidung zwischen Gesetzes- und Rechtsanalogie über den Ordnungsaspekt hinaus eine praktische Relevanz besitzt, ist allerdings umstritten.

Manche Autoren vertreten die Auffassung, es handele sich in beiden Fällen um unterschiedliche logische Schlussweisen. Nur die Gesetzesanalogie soll einen Schluss vom Besonderen aufs Besondere darstellen und daher als Analogieschluss im engeren – logischen – Sinn anzusehen sein. Die Rechtsanalogie bilde dagegen einen Schluss vom Besonderen aufs Allgemeine und sei im logischen Sinn als Induktionsschluss einzustufen.[120]

Dagegen erweist sich nach anderer Ansicht auch die Gesetzesanalogie bei näherer Betrachtung als ein Verallgemeinerungsverfahren. Es werde nicht unmittelbar von der gesetzlich vorgeschriebenen Behandlung eines besonderen Sachverhalts auf die rechtlich gebotene Behandlung eines anderen besonderen Sachverhalts geschlossen. Vielmehr stützte sich die Gleichbehandlung beider Sachverhalte auf die Feststellung ihrer Gemeinsamkeiten, die als relevant erachtet werden, und auf die Abstraktion von ihren Verschiedenheiten, die für irrelevant gehalten werden. Es werde somit ein neuer allgemeiner Tatbestand gebildet, dem beide besonderen Fallgestaltungen untergeordnet würden.[121]

Welche Meinung Zustimmung verdient, wird sich im weiteren Verlauf der Erörterung zeigen.

1.1.5. Einschränkung der Analogie

Die Rechtsprechung und ein Teil der Lehre[122] haben den Grundsatz entwickelt, dass es unzulässig sei, eine Analogie zu Ausnahmevorschriften zu bilden.[123]

- So hat der Bundesgerichtshof etwa die Anerkennung einer allgemeinen privatrechtlichen bzw. öffentlich-rechtlichen Gefährdungshaftung abgelehnt, weil die geltende Rechtsordnung für eine Schadensersatzpflicht grundsätzlich ein Verschulden des Schädigers voraussetze und nur in einigen besonders geregelten Fällen wie z. B. §§ 833 BGB, 7 StVG, 2 HaftpflG ausnahmsweise eine Gefährdungshaftung anordne.[124]

---

119 ebenda
120 s. Canaris, a.a.O., S. 202 ff; ähnlich Bydlinski, a.a.O., S. 475 f.
121 so auch Larenz, a.a.O., S. 369 f.; Klug, a.a.O., S. 111
122 s. z. B. Enneccerus/Nipperdey, a.a.O., § 48, I 2; einschränkend auch Bovensiepen, a.a.O., S. 135
123 z. B. BGH NJW 1989, 227; BGH NJW 1989, 460 (461 zu § 56 Abs. 1 Nr. 6 GewO)
124 BGHZ 55, 229 (232 f.)

– Ebenso sind verfahrensrechtliche Präklusionsvorschriften nach höchstrich-
terlicher Rechtsprechung nicht analogiefähig. Sie beschneiden das Recht des
Betroffenen auf Gehör, das grundsätzlich in Art. 103 Abs. 1 GG verbürgt ist,
und sollen deshalb nicht auf andere als die ausdrücklich gesetzlich geregelten
Fälle anzuwenden sein.[125]

Hintergrund für diese Einschränkung der Analogiefähigkeit ist die Überlegung,
dass es eine allgemeine Regel gibt, die anwendbar ist, wenn der Ausnahmetat-
bestand nicht vorliegt. Bei einer Ausdehnung der Ausnahmevorschrift durch
Analogiebildung wird die Gefahr gesehen, dass sich das Verhältnis von Regel
und Ausnahme umkehren könnte.[126]
    Ausnahmevorschriften sollen allerdings grundsätzlich von so genannten Son-
derrechtsvorschriften zu unterscheiden sein, für die kein Analogieverbot aufgestellt wird. Sonderrechtsvorschriften werden nicht als singuläres Recht verstanden, sondern als besonderes, vom allgemeinen abweichendes Recht für eine
ganze Klasse von Personen, Sachen oder Verhältnissen.[127]

– Als Beispiele für Ausnahmeregeln kann man etwa die Formvorschriften für
bestimmte Schuldverträge anführen, die das allgemeine Prinzip der Formfreiheit durchbrechen. [128]
– Als Beispiel für Sonderrecht wird oft das Handelsrecht genannt, das kein prin-
zipienwidriges, sondern ein besonderes Recht für Kaufleute mit eigenen Prinzipien darstellen soll.[129]

Bei näherer Betrachtung erweist sich jedoch weder die Unterscheidung zwischen Ausnahme- und Sonderrechtsvorschriften noch das Analogieverbot bei
Ausnahmevorschriften als haltbar.
    Sowohl bei den Ausnahmevorschriften als auch bei den Sonderrechtsvor-
schriften handelt es sich um Abweichungen von den allgemeinen Regelungen.
Wenn man die einen für Regelwidrigkeiten und die anderen für Spezialregelun-
gen hält, so scheint das nur ein Unterschied in den Worten zu sein. In beiden
Fällen werden die allgemein geltenden Regelungen für bestimmte Fallgestaltungen durchbrochen.[130]
    Allenfalls unterscheiden sich Ausnahme- und Sonderrechtsvorschriften hin-
sichtlich des Umfangs ihrer Anwendungsbereiche voneinander. Die Begriffe

---

125 BVerfGE 59, 330 (334); BGH NJW 1982, 1533 (1534)
126 vgl. Kohler-Gehrig, a.a.O., S. 109
127 Enneccerus-Nipperdey, a.a.O., § 48, II
128 Das Beispiel stammt von Klug, a.a.O., S. 112, der sich selbst allerdings gegen eine Unterschei-
    dung von Ausnahme- und Sonderrecht ausspricht.
129 ebenda
130 so zutreffend Klug, a.a.O., S. 112 f.

»singuläres Recht« und »Recht für besondere Klassen« legen eine solche Annahme nahe. Eine qualitative Unterscheidung ergibt sich aus dieser quantitativen Betrachtung jedoch nicht. Auch die Ausnahmevorschriften treffen nicht nur auf einen einzigen Fall, sondern auf eine Mehrzahl von Sachverhalten zu. Die oben genannten Formvorschriften bei bestimmten Verträgen könnte man deshalb genauso gut als Sonderrecht für bestimmte Klassen von Verträgen bezeichnen und das Handelsrecht als singuläres, die Regeln des allgemeinen Zivilrechts durchbrechendes Recht.[131] Beide Arten von Vorschriften sind im Grunde identisch.

Ausnahmevorschriften (bzw. Sonderrechtsvorschriften) sind auch nicht prinzipiell ungeeignet für die Analogiebildung, auch wenn sie in der Regel eng auszulegen sind. Vielmehr basiert jede Ausnahme- oder Sonderrechtsvorschrift, die von einem allgemeinen Rechtsgedanken abweicht, ihrerseits auf einem bestimmten Rechtsgedanken, der wiederum auf andere, ähnlich gelagerte Fälle erstreckt werden kann.[132] Der Ausnahmecharakter einer Vorschrift spricht nicht zwingend gegen eine Verallgemeinerung des der Ausnahme zu Grunde liegenden Prinzips.[133] Er kann allenfalls ein Indiz für die Unzulässigkeit einer Analogie sein.

Dies wird letztlich von der Rechtsprechung selbst so gesehen. Im Einzelfall lässt sie die Analogiebildung auch bei einer Ausnahmevorschrift zu, wenn der in dieser Vorschrift geregelte Ausnahmefall und der nicht geregelte Fall wesensmäßig gleich gelagert sind.[134] Damit wird aber im Ergebnis zugegeben, dass Ausnahmevorschriften unter denselben Voraussetzungen wie allgemeine Regelungen zur analogen Anwendung geeignet sind.

1.1.6. Kritische Zusammenfassung

Die von Rechtsprechung und Lehre entwickelten Grundsätze zur analogen Anwendung bestehender Rechtsnormen vermögen teilweise nicht zu überzeugen. Das Analogieverbot bei Ausnahmeregelungen hält, wie gezeigt, einer Nachprüfung nicht stand, und die Differenzierung zwischen Gesetzes- und Rechtsanalogie ist zumindest zweifelhaft. Insbesondere aber bleibt die Kernfrage unbeantwortet, welchen Voraussetzungen die Analogie genügen muss, um eine Rechts-

---

131 ebenda
132 ebenda; Bund, a.a.O., S. 191
133 Schneider/Schnapp, a.a.O., S. 155, argumentiert anders. Nach ihm handelt es sich bei der Frage, ob Ausnahmevorschriften analog anwendbar seine, um ein Scheinproblem. Man dürfe einer Vorschrift nur dann Ausnahmecharakter zuerkennen, wenn sie nicht verallgemeinert werden könne. Dabei übersieht er jedoch, dass sich der Ausnahmecharakter einer Vorschrift (im Verhältnis zur allgemeinen Regelung) grundsätzlich nicht ändern muss, wenn sie durch Verallgemeinerung ihres Prinzips über den bisherigen Anwendungsbereich hinaus ausgedehnt wird. Ihr Anwendungsbereich kann hinter dem der allgemeinen Vorschrift immer noch deutlich zurückbleiben.
134 s. BGHZ 130, 288 (293)

fortbildung zu begründen. Die Unterscheidung von wesentlichen und unwesentlichen Sachverhaltsmerkmalen vermag hier nicht weiterzuhelfen. Sie setzt voraus, dass man über Kriterien verfügt, mit denen man zwischen relevanten und irrelevanten Merkmalen unterscheiden kann, gibt selbst aber keine solchen Kriterien an die Hand.

Die entscheidende Frage lautet: Wie kann man ein Gesetz, das für einen bestimmten Sachzusammenhang gilt, mit »schlüssiger« Begründung auf einen anderen Sachzusammenhang übertragen? Dies soll in der nachfolgenden logischen Untersuchung geklärt werden.

1.2. Rekonstruktion im Rahmen der aristotelisch-scholastischen Logik

1.2.1. Vorbemerkung

Viele Abhandlungen zur logischen Struktur des juristischen Analogieschlusses bewegen sich auch heute noch ganz auf dem Boden der klassischen Prädikatenlogik[135], wie sie von ihrem Begründer *Aristoteles*[136] entwickelt und in der Scholastik weiter ausgearbeitet und verfeinert wurde[137].[138]

---

135 Prägnantes Beispiel hierfür ist insb. Schneider/Schnapp, a.a.O., S. 149 ff.

136 Aristoteles hatte keinen einheitlichen Begriff der Logik. Er entwickelte seine Lehre in verschiedenen Schriften, die später als seine logischen galten und als »Organon« zusammengefasst sind: der »Kategorienschrift«, die sich mit den einfachen Bestandteilen von Aussagesätzen befasst, der Schrift »De Interpretatione«, die von den Aussagesätzen selbst handelt, der »Analytica Priora«, in der sich die Lehre vom formal gültigen Schließen findet, der »Analytica Posteriora«, die sich mit dem wissenschaftlichen Beweis beschäftigt, der »Topica«, die auf Wahrscheinlichkeitsschlüsse, die sogenannte »Dialektik«, eingeht, und der Schrift »De Sophisticis Elenchiis«, die sich mit Trugschlüssen auseinandersetzt. Unter Berufung auf diese Zusammenstellung wurde die Logik später in die Logik des Begriffs, die Logik des Urteils und die Logik des Schlusses (meist ergänzt um eine heute nicht mehr zur Logik, sondern eher zur Wissenschaftstheorie gezählte Methodenlehre) eingeteilt (vgl. Tugendhat/Wolf, a.a.O., S. 11 f.).

137 Zunächst hatten sich stoische und megarische Philosophen der Weiterentwicklung der aristotelischen Logik angenommen, wobei sich insb. Chrysippos (gest. um 205 v. Chr.) hervorgetan hatte. Dann waren die mittelalterlichen Scholastiker zunächst darum bemüht, sich das Gedankengut des Aristoteles an Hand der ihnen vorliegenden unvollständigen Schriften allmählich wieder anzueignen, ehe sie sich, nachdem das gesamte Organon bekannt geworden war, an den weiteren Ausbau der aristotelischen Logik begeben konnten. S. zur geschichtlichen Entwicklung Bochénski, Józef Maria, Formale Logik, 3. Auflage, 1970, S. 169 ff.

138 Diese traditionelle – aristotelisch-scholastische – Logik scheint dem juristischen Denken deutlich näher zu stehen als die so genannte moderne, kalkülmäßig aufgebaute Logik, die auch als »mathematische Logik« oder »Logistik« bezeichnet wird. Dafür lassen sich zwei – durchaus verständliche – Gründe anführen: Zum einen haben viele Begriffe der aristotelisch-scholastischen Logik Eingang in die juristische Methodenlehre gefunden, so dass diese Logik dem Juristen zumindest von ihrer sprachlichen Form her vertraut erscheint. Zum anderen weist die moderne Logik einen weitaus höheren Abstraktions- und Formalisierungsgrad auf als die traditionelle Logik und wirkt deshalb auf den Juristen, der es bei der Interpretation

Aus logischer Sicht bestehen gegen den Rückgriff auf die aristotelisch-scholastische Logik keine Einwände. Im Unterschied zu den Frühformen anderer Wissenschaften ist die traditionelle Logik nicht auf eine bloße historische Bedeutung beschränkt[139], sondern hat sich – neben der modernen Logik, die gegenwärtig aus guten Gründen dominiert – einen aktuellen Stellenwert bewahrt. Sie wird in der Logikwissenschaft immer noch als eine gültige, wenn auch in ihren Möglichkeiten begrenzte Form der Darstellung logischer Beziehungen akzeptiert und kann deshalb problemlos für eine logische Untersuchung herangezogen werden.

Im vorliegenden Zusammenhang kommt hinzu, dass sich alle für die Problematik des juristischen Analogieschlusses wesentlichen Gesichtspunkte bereits in der traditionellen Logik entwickeln lassen und es daher gerechtfertigt erscheint, sich zu Beginn der logischen Untersuchung mit dieser relativ einfachen Form der Logik ausführlich zu befassen.

1.2.2. Grundzüge der aristotelisch-scholastischen Logik

Im Zentrum der aristotelisch-scholastischen Logik steht der Syllogismus (der Schluss), den *Aristoteles* als eine dreigliedrige Satzfolge verstand, bei der sich der Schlusssatz (die Konklusion) mit Notwendigkeit[140] aus zwei vorangegangenen Obersätzen (Prämissen) ergibt. Später erkannte man, dass man auch zweigliedrige Schlüsse bilden, also bereits aus einem einzigen Obersatz unmittelbare Folgerungen ziehen kann. Gleichwohl stand weiterhin der dreigliedrige Schluss im Vordergrund.

Bei den im Syllogismus vorkommenden Sätzen (in der klassischen Terminologie: »Urteile« genannt) handelt es sich ausnahmslos um prädikative Sätze. Diese bestehen nach *Aristoteles* aus einem Subjektbegriff, der für einen bestimmten Gegenstand steht, und dem Prädikatbegriff, der ein bestimmtes Merkmal bezeichnet, sowie einer Kopula, die den Subjektbegriff mit dem Prädikatbegriff

---

von Rechtstexten und der Definition von Sätzen und Begriffen gewöhnlich mit konkreten Inhalten zu tun hat, oft etwas fremdartig.

139 Bund, a.a.O., S. 13, weist zu Recht darauf hin, dass ein Teil der Logikwissenschaftler bis in die heutige Zeit die Logik in der Gestalt darstellt, die bereits Aristoteles und die Scholastik ihr gegeben haben. Gleichwohl wird man die aristotelisch-scholastische Logik nicht als vollständig gleichwertig mit der modernen Logik ansehen können. Insbesondere werden die logischen Gesetzmäßigkeiten, die über die Gültigkeit bzw. Ungültigkeit von Schlüssen entscheiden, bei Aristoteles und in der Scholastik nur am Rande behandelt, während sie in der modernen, kalkülmäßig aufgebauten Logik im Zentrum stehen (s. hierzu Bund, a.a.O., S. 65 ff.). Ungerechtfertigt wäre es aber, die aristotelisch-scholastische Logik nur noch als historische Kuriosität zu betrachten. Der Wert der klassischen Logik besteht heute im Wesentlichen darin, dass sie am besten den Begriff eines überschaubaren Systems vermitteln kann, weil sie in sich abgeschlossen und auf ein enges Anwendungsgebiet beschränkt ist. Sie ist heute integrierter Bestandteil der modernen Logik (s. Bucher, a.a.O., S. 171).

140 Zum Begriff der logischen Notwendigkeit s. Teil I, Abschnitt 2.3, Exkurs zum Begriff der Logik.

verbindet, so dass eine prädikative Aussage über das Subjekt getroffen, d.h. das Merkmal dem Gegenstand zu- oder abgesprochen wird. Modern (linguistisch statt ontologisch) ausgedrückt: Es wird ausgesagt, dass der Prädikatbegriff auf das Subjekt zutrifft bzw. nicht zutrifft.

Beispiel:

»Gerichtliche Vergleiche (Subjekt) sind (Kopula) vollstreckbar wie Urteile (Prädikat)«, formalisiert:
»S sind P«.

Als Kopula dient in der klassischen Logik stets das Wort »ist« (bei singulärem Subjekt) bzw. das Wort »sind« bei einem Subjektbegriff im Plural. Die mit dem Verbindungswort »ist« bzw. »sind« konstruierten Sätze hielt Aristoteles für die Grundform von Aussagesätzen, auf die alle anders konstruierten Aussagesätze zurückgeführt werden könnten.[141]

Beispiel:

Der Satz »Pächter schulden Pachtzins« lässt sich in den bedeutungsgleichen Satz »Pächter sind Pachtzins schuldend« umformulieren, der wiederum mit »S sind P« wiedergegeben werden kann.

Der Quantität nach können die prädikativen Sätze in universelle (P trifft auf alle S zu) und partikuläre (P trifft auf einige S zu) unterteilt werden, der Qualität nach in bejahende (positive) und verneinende (negative) Urteile, je nachdem, ob P den mit S bezeichneten Gegenständen zu- oder abgesprochen wird. Daraus ergeben sich vier Satz- bzw. Urteilsarten:[142]

	positiv	negativ
universell	Alle S sind P	Alle S sind nicht P (synonym: Kein S ist P)
partikulär	»Einige S sind P«	Einige S sind nicht P

Zwischen diesen verschiedenen Satz- bzw. Urteilsarten bestehen logische Beziehungen, genauer gesagt, klassenlogische (oder mengentheoretische) Bezie-

---

141 Diese Auffassung stößt indes, wie man heute weiß, bei relationalen Aussagen mit zwei- und mehrstelligen Termini (z.B. »Teil von«, »heller als«, »größer als«, »neben«) und anderen komplexen Sätzen (etwa Kausal- und Konsekutivsätzen) an ihre Grenzen (s. hierzu Tugendhat/Wolf, a.a.O., S. 81 ff. und 104 ff.).

142 Für diese Urteilsarten wurden in der Scholastik bereits bestimmte Kennvokale eingeführt: a für »alle«, i für »einige«, o für »einige nicht«, e für »alle nicht«.

hungen, bei denen die Schnittmengen von Begriffsumfängen betrachtet werden. So führt etwa die Verneinung einer universell positiven Aussage (»*Nicht: Alle Kaufverträge sind schriftformbedürftig*«) zur Bejahung einer partikulär negativen (»*Einige Kaufverträge sind nicht schriftformbedürftig*«) und die Verneinung einer universal negativen (»*Nicht: Alle Kaufverträge sind nicht schriftformbedürftig*«) zur Bejahung einer partikulär positiven Aussage (»*Einige Kaufverträge sind schriftformbedürftig*«). Anders ausgedrückt: Eine partikulär negative Aussage ist genau dann wahr, wenn eine universell positive falsch ist (und umgekehrt), und eine partikulär positive ist genau dann wahr, wenn eine universell negative falsch ist (und umgekehrt). Dies nennt man einen kontradiktorischen Gegensatz.

Demgegenüber stehen universell positive und universell negative Aussagen in einem schwächeren Gegensatzverhältnis – konträr – zueinander. Sie können nicht gleichzeitig wahr, doch sie können gleichzeitig falsch sein. Ein ähnliches (so genanntes subkonträres) Verhältnis besteht zwischen partikulär positiven und partikulär negativen Aussagen: Sie können gleichzeitig wahr, aber nicht gleichzeitig falsch sein. Nimmt man hinzu, dass partikulär positive von partikulär negativen Aussagen eingeschlossen werden, und partikulär negative von universell negativen (subalternes Verhältnis), dann lassen sich die logischen Beziehungen zwischen den vier Satz- bzw. Urteilsarten in folgendem logischen Quadrat darstellen:[143]

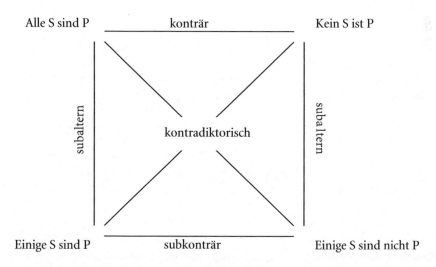

Alle S sind P   konträr   Kein S ist P

subaltern   kontradiktorisch   subaltern

Einige S sind P   subkonträr   Einige S sind nicht P

---

143 Bekannt ist diese Figur unter dem Namen »Quadrat der Gegensätze«, obwohl sich die subkonträre und die subalterne Beziehung schwerlich als Gegensätze verstehen lassen; s. hierzu Bund, a.a.O., S. 39

Für Aristoteles zählten jedoch die unmittelbaren Ableitungen aus nur einer Prämisse noch nicht als Schluss (Syllogismus) im eigentlichen Sinn, sondern nur die mittelbaren Folgerungen aus zwei Obersätzen. Charakteristisch für einen solchen Syllogismus ist, dass die beiden Obersätze, die jeweils zwei Begriffe enthalten (Subjekt und Prädikat), über einen Mittelbegriff, der ihnen beiden gemeinsam ist, miteinander verbunden sind. Von diesem Mittelbegriff (M) hängt die Konklusion ab. Dort, im Schlusssatz, werden die beiden Begriffe, die in den Obersätzen verschieden sind, unter Wegfall des Mittelbegriffs miteinander verbunden.

Beispiel:

Alle Substanzverletzungen sind Sachbeschädigungen.	Alle M sind P
Alle Grafitti-Malereien sind Substanzverletzungen.	Alle S sind M
Also: Alle Grafitti-Malereien sind Sachbeschädigungen.[144]	Alle S sind P

Je nachdem, an welcher Stelle der Mittelbegriff steht, kann man vier verschiedene Schlussfiguren bilden:

I. M P	II. P M	III. M P	IV: P M
S M	S M	M S	M S
S P	S P	S P	S P

Innerhalb dieser Schlussfiguren gibt es wiederum je nachdem, welche Satz- bzw. Urteilsformen verwendet werden, verschiedene Schlussformen (gültige und ungültige), für die in der Antike bestimmte Merkwörter[145] entwickelt wurden. Die gültigen Formen der ersten Figur sind zum Beispiel:

Barbara:	Darii:	Ferio:	Celarent:
Alle M sind P	Alle M sind P	Alle M sind nicht P	Alle M sind nicht P
Alle S sind M	Einige S sind M	Einige S sind M	Alle S sind M
Alle S sind P	Einige S sind P	Einige S sind nicht P	Alle S sind nicht P

Eine systematische Theorie zur Unterscheidung gültiger von ungültigen Schlussformen hat Aristoteles allerdings noch nicht herausgebildet. Die gültigen Schlüs-

---

144 Diese Schlussfolgerung ist formal gültig, d.h.: Der Schlusssatz ist wahr, *wenn und soweit* die Obersätze wahr sind. Problematisch ist hier sicherlich die Wahrheit des zweiten Obersatzes.
145 unter Verwendung der jeweiligen Kennvokale a für »alle«, i für »einige«, e für »keine« und o für »einige nicht«

se der ersten Figur[146] hielt er für evident, die gültigen Schlüsse der anderen Figuren bezeichnete er dagegen als unvollkommen, weil ihre Gültigkeit erst durch bestimmte Verfahren, z. B. durch Umformung zu Schlussformen der ersten Figur[147], aufgezeigt werden muss.[148]

1.2.3. Zwei Fassungen des Analogieschlusses

Alle Rekonstruktionen des juristischen Analogieschlusses, die mit den Mitteln der klassischen Logik vorgenommen werden, knüpfen unmittelbar an die Vorarbeiten von *Aristoteles* selbst an, der den Analogieschluss bereits unter dem Namen »παραδειγμα« einer ausführlichen Analyse unterzogen hat. Es handelt sich um die wohl bekannteste Darstellung des Analogieschlusses, die auch heute noch im Mittelpunkt der Diskussion steht. Genau genommen, lassen sich sogar zwei verschiedene Fassungen des Analogieschlusses auf *Aristoteles* zurückführen (ein einstufiges Verfahren, das aus einem einfachen Syllogismus besteht, und ein zweistufiges Verfahren, das einen Kettenschluss darstellt), über deren Verhältnis zueinander bis in die Gegenwart hinein gestritten wird.

---

146 *Anmerkung:*
   Aus juristischer Sicht ist bemerkenswert, dass der so genannte »Justizsyllogismus«, der sich in fast allen Lehrbüchern zur juristischen Methodik findet (die Subsumtion eines einzelnen, im konkreten Fall vorliegenden Gegenstandes unter eine allgemeine Begriffsdefinition), von *Aristoteles* gar nicht behandelt wird. Das Paradebeispiel
   Alle Menschen sind sterblich.
   <u>*Sokrates ist ein Mensch.*</u>
   Also ist Sokrates sterblich
   sucht man bei *Aristoteles* vergeblich. Er verwendete in seiner syllogistischen Klassenlogik nur universelle oder partikuläre, aber keine singulären Urteile (Aussagen über Einzelgegenstände). Diese fügte später erst *Petrus Ramus* (1515 bis 1572) hinzu, und *John Wallis* (1616 bis 1703) versuchte zu zeigen, dass sich individuelle Sätze im Rahmen der aristotelisch-scholastischen Logik wie universelle Sätze behandeln ließen, weil in beiden Fällen das Prädikat seinem ganzen Umfang nach (ohne Ausnahme) auf das Subjekt zutrifft. Geht man von dieser Angleichung aus, stellt sich der »Justizsyllogismus« als Variante der Schlussform Barbara dar:
   Alle Schuldner im Verzug sind zum Ersatz des Verzugsschadens verpflichtet.   *Alle M sind P*
   <u>*Herr Z ist Schuldner im Verzug.*</u>   <u>*Alle S sind M*</u>
   Also ist Herr Z zum Ersatz des Verzugsschadens verpflichtet.   *Alle S sind P*
   Die Gleichsetzung von individuellen mit universellen Urteilen verdeckt zwar aus heutiger Sicht wichtige logische Unterschiede (s. Tugendhat/Wolf, a.a.O., S. 76 ff.), doch können diese im vorliegenden Zusammenhang außer Betracht bleiben.
147 etwa durch Konversion – Vertauschung von S und P
148 Später hat man das Prinzip der Evidenz mit dem Grundsatz »dictum de omnis et de nullo« erklärt: Was von allem einer Art positiv oder negativ gilt, das gilt auch positiv oder negativ von jedem Bestimmten, das unter die Art fällt. Dies ist aber, genauer betrachtet, nichts anderes als eine Paraphrasierung der gültigen Formen der ersten Figur. S. hierzu Tugendhat/Wolf, a.a.O., S. 76

1.2.3.1. Das einstufige Schlussverfahren

In ihrer bekanntesten Form stellt die Analogie bei *Aristoteles* einen einfachen Syllogismus dar, bei dem vom Besonderen aufs Besondere geschlossen wird[149].

Beispiel:

Die Namen natürlicher Personen sind schutzwürdig.
Die Namen juristischer Personen sind den Namen natürlicher Personen
ähnlich.
(Also gilt wahrscheinlich): Die Namen juristischer Personen sind schutzwürdig.

Schematisiert:

Alle M sind P
Alle S sind M-ähnlich
(wahrscheinlich) Alle S sind P[150]

Der Schluss ist, wie leicht ersichtlich, nicht gültig; ihm wird deshalb nur eine gewisse Wahrscheinlichkeit zuerkannt. Es handelt sich um einen probabilistischen Schluss. Die Ähnlichkeit mit den Namen natürlicher Personen soll die Vermutung nahe legen, dass die Namen juristischer Personen genauso schutzwürdig sind wie die Namen natürlicher Personen.

Von einigen modernen Autoren[151] wird indes bezweifelt, ob es sich bei dieser Konstruktion überhaupt um einen formal selbständigen Schluss handelt. Mit der Aussage, M und S seien einander ähnlich, scheint nämlich der in der Logik maßgebliche formale Standpunkt verlassen und eine materielle Betrachtung der Eigenschaften der Gegenstände, die unter die beiden Begriffe fallen, einbezogen zu werden. Beschränkt man sich auf eine rein formale Sicht, muss man kon-

---

149 Manche Autoren, z. B. Ziehen, Theodor, Lehrbuch der Logik auf positivistischer Grundlage mit Berücksichtigung der Geschichte der Logik, 1920, S. 761, zählen auch Schlüsse vom Allgemeinen aufs Allgemeine zu den Analogieschlüssen. Entscheidend ist, dass Analogieschlüsse immer auf einer Ebene bleiben (Ziehen, a.a.O., S, 724, 761, bezeichnet sie daher als »Niveauschlüsse«).

150 Dass diese Schlussform sowohl in den Prämissen als auch in der Konklusion mit universellen Quantifikationen operiert, steht der Charakterisierung als Schluss vom Besonderen aufs Besondere nicht entgegen. Entscheidend ist, dass die Begriffe »Name einer natürlichen Person« (M) und »Name einer juristische Person« (S) jeweils nur bestimmte Teil- oder Unterklassen der ganzen Klasse der Namen von Personen (bzw. Rechtssubjekten) bezeichnen, so dass aus einer Aussage über die Teilklasse der Namen natürlicher Personen auf eine Aussage über die Teilklasse der Namen juristischer Personen gefolgert wird.

151 z. B. Erdmann, Benno, Logik, 3. Auflage 1923, S. 742 ff.; Pfänder, Alexander, Logik, 4. unveränderte Auflage 2000, S. 356 f. Inwieweit Klug, a.a.O., S. 120 ff., der sich ausführlich mit den Positionen Erdmanns und Pfänders auseinandersetzt, deren Kritik teilt, bleibt unklar.

statieren, dass es sich um unterschiedliche Begriffe (Gegenstandsklassen oder Mengen) handelt. Dementsprechend ist der Begriff »M-ähnlich« wie ein von M verschiedener Begriff zu lesen. Verdeutlicht man diesen Unterschied durch Verwendung der Bezeichnung »N« statt »M-ähnlich«, erhält man folgenden Schluss:

Alle M sind P
Alle S sind N
(wahrscheinlich) Alle S sind P.

Bei dieser Schreibweise wird deutlich, dass hier ein Fall der so genannten quaternio terminorum (eine Verwendung von vier Begriffen) und damit ein Verstoß gegen die klassische Schlussregel vorliegt, dass im Syllogismus (abgesehen von Kettenschlüssen) nur drei Begriffe vorkommen dürfen. Es gibt keinen gemeinsamen Mittelbegriff, der S mit P verknüpfen würde, und so besteht – formal gesehen – keinerlei Grund, der Konklusion irgendeinen Wahrheits- oder Wahrscheinlichkeitswert zuzuerkennen. Aus diesem Grunde ist *Erdmann*[152] der Ansicht, dass die Wahrscheinlichkeit, mit der die Konklusion in der Analogie ausgestattet sein soll, immer material (durch die Ähnlichkeit der in Bezug genommenen Gegenstände) und nicht ausschließlich formal bedingt ist, wie es die Logik fordert[153]. Der Analogieschluss gehört demnach nicht in die formale Logik.

Zu einem ähnlichen Ergebnis gelangt mit etwas anderer Argumentation auch *Pfänder*[154]. Er stellt sich die Frage, unter welchen Bedingungen die nicht gültige Schlussform der Analogie in eine gültige überführt werden kann, und kommt dabei zu folgendem Ergebnis: Die Ähnlichkeit zwischen M[155] und S muss in einer beiden gemeinsam zuzusprechenden Eigenschaft (E[156]) bestehen (1. Annahme), die den ausreichenden Grund dafür bietet, dass M ein P ist (2. Annahme). Wenn dann bei S keine von M abweichenden Faktoren vorliegen, die P trotz E verhindern (3. Annahme), dann führt E auch bei S zur Verknüpfung mit P. Die Wahrheit bzw. Wahrscheinlichkeit des Analogieschlusses hängt somit von der Wahrheit oder Wahrscheinlichkeit dieser drei Annahmen ab, über die man aber nur entscheiden kann, wenn man die jeweils für M und S eingesetzten konkreten Termini und die von ihnen bezeichneten Gegenstände berücksichtigt, weil man nur dann feststellen kann, ob es ein gemeinsames Merkmal E gibt.

---

152 s. Erdmann, a.a.O., S. 742 ff.
153 Allerdings betrachtet er die Analogie als wichtiges heuristisches Prinzip zum Auffinden neuer Hypothesen.
154 s. Pfänder, a.a.O., S. 356 f.
155 Pfänder selbst verwendet eine andere Symbolik: Q, P und S (s. Pfänder, a.a.O., S. 356 f.). Dies ist aber für den Gedankengang unerheblich.
156 Pfänder, ebenda, benutzt hier den Buchstaben M.

Diese Einwände wiegen in der Tat schwer. Das einstufige Analogieverfahren des *Aristoteles* hat nur den Anschein eines formalen Schlusses, kann aber seine materiale Abhängigkeit nicht leugnen. Ihm kann weder logische Wahrheit noch logische Wahrscheinlichkeit zuerkannt werden. Folglich scheidet es als geeignetes Modell für den juristischen Analogieschluss aus.

Fraglich ist, ob auch das zweite von *Aristoteles* entwickelte Analogieverfahren dieser Kritik anheim fällt.

1.2.3.2. Das zweistufige Schlussverfahren

Nach *Aristoteles* lässt sich der einstufige Ähnlichkeitsschluss bei genauerer Betrachtung in zwei separate logische Schritte zerlegen – in einen Kettenschluss, der aus zwei verschiedenen, hintereinander geschalteten Syllogismen besteht. (Genauer gesagt, geht *Aristoteles* genau umgekehrt vor: Er behandelt zunächst das zweistufige Verfahren, das für ihn die Grundform des Analogieschlusses darstellt, und leitet dann zum einstufigen über, das er als eine abgeleitete Kurzform ansieht, bei der die beiden ursprünglichen logischen Schritte in einen einzigen zusammengezogen sind.)

Die ausführliche Form lässt sich an folgendem »klassischen« *Beispiel* demonstrieren:

1)

Der Krieg der Thebaner gegen die Phoker war ein Übel.	Alle M sind P
Der Krieg der Thebaner gegen die Phoker war ein Grenzkrieg.	Alle M sind N
Also gilt wahrscheinlich: Alle Grenzkriege sind ein Übel.	(wahrscheinlich)
	Alle N sind P

2)

Wahrscheinlich gilt:	(wahrscheinlich)
Alle Grenzkriege sind ein Übel.	Alle N sind P
Der Krieg der Athener gegen die Thebaner ist ein Grenzkrieg.	Alle S sind N
Wahrscheinlich gilt:	(wahrscheinlich)
Der Krieg der Athener gegen die Thebaner ist ein Übel.	Alle S sind P

Beim ersten Teil dieses Kettenschlusses handelt es sich um einen induktiven Schluss, mit dem vom Besonderen (von der Aussage, dass der Grenzkrieg der Thebaner gegen die Phoker ein Übel war) aufs Allgemeine (auf die Aussage, dass *alle* Grenzkriege ein Übel sind) gefolgert wird. Dieser Schluss ist, wie leicht ersichtlich, nicht gültig. Für ihn spricht lediglich eine gewisse Wahrscheinlichkeit.

Im zweiten Teil fungiert dann die Konklusion des ersten Syllogismus als Obersatz in einem deduktiven Schluss mit singulärem Mittelbegriff. Dieser zweite Schluss (der einem juristischen Subsumtionsschluss entspricht), ist gültig. Da seine Wahrheit indes nicht weiter reichen kann als die Wahrheit seiner Prämissen, kann auch er letztlich nur Anspruch auf Wahrscheinlichkeit erheben. Damit erweist sich der aus Induktion und Subsumtion zusammengesetzte Schluss insgesamt als probabilistischer Schluss.

Dieser Kettenschluss ist, wie sich zeigen lässt, nicht den Einwänden ausgesetzt, die Erdmann und Pfänder gegen den einstufigen Ähnlichkeitsschluss gerichtet haben: Dadurch, dass er die vier Begriffe, die er verwendet, auf zwei Syllogismen verteilt, verstößt er nicht gegen den Grundsatz, dass in einem Syllogismus nur drei Begriffe auftreten dürfen, und dadurch, dass er zunächst vom Besonderen zum Allgemeinen aufsteigt (von partikulären Prämissen zu einer universellen Konklusion) und dann wieder vom Allgemeinen zum Besonderen absteigt (von universellen Prämissen zu einer Individualaussage), statt Folgerungen aus der (inhaltlich bestimmten) Ähnlichkeit zweier Subjekte zu ziehen, operiert er, wie in der formalen Logik gefordert, allein mit formalen, quantifizierten Aussagen über Mengen und ihre Elemente. Von der Kritik am einstufigen Ähnlichkeitsschluss bleibt er somit unberührt.

Es stellt sich indes die Frage, ob diese zweistufige Konstruktion tatsächlich mit dem einstufigen Ähnlichkeitsschluss äquivalent ist oder ob es sich um ein Schlussverfahren mit ganz anderer logischer Struktur und anderem Aussagegehalt handelt. In der Literatur sind die Meinungen dazu geteilt.

Nach den Vertretern der Differenzthese[157] haben beide Schlussformen wenig miteinander gemein. Für sie ist es gerade das Kennzeichen des Analogieschlusses, dass der Obersatz nicht allgemeiner und nicht enger ist als der Untersatz, sondern beide gleichwertig nebeneinander stehen, während es das Charakteristische des Induktionsschlusses ausmacht, dass der Schlusssatz allgemeiner als die Obersätze ist.[158]

---

157 z. B. Canaris, a.a.O., S. 205 ff.; Bydlinski, a.a.O., S. 575 f. und Schneider/Schnapp, a.a.O., S. 150 f.
158 s. z. B. Schneider/Schnapp, a.a.O., S. 149 f., der allerdings eine Vermischung von Induktions- und Ähnlichkeitsschluss vornimmt, auch wenn er grundsätzlich ihre Verschiedenheit hervorhebt. Er geht von folgendem Beispiel aus (die Argumentationskette ist hier abgekürzt):
   I. Wenn ein Mensch geprügelt wird und schreit, empfindet er Schmerzen.
   II. Mensch und Säugetier sind biologisch ähnlich.
   III. Also: Wenn ein Säugetier geprügelt wird und schreit (bzw. heult), empfindet es (wahrscheinlich) ebenfalls Schmerzen.
   IV. Hunde sind Säugetiere.
   V. Also: Wenn ein Hund geprügelt wird und heult, dann empfindet er (wahrscheinlich) Schmerzen.
   Statt unmittelbar eine Ähnlichkeit zwischen »Mensch« und »Hund« zu unterstellen, wird zunächst die Ähnlichkeit von »Mensch« und »Säugetier« behauptet (Satz II) und daraus der Wahrscheinlichkeitsschluss gezogen, dass ein Säugetier, das schreit bzw. heult, wenn es ge-

Ob man, wie bei der Induktion, vom Besonderen aufs Allgemeine, oder, wie beim Ähnlichkeitsschluss, vom Besonderen aufs Besondere folgert, sei logisch keineswegs gleichwertig.

Auf den ersten Blick scheint man dieser Auffassung beipflichten zu müssen: Der Ähnlichkeitsschluss stellt eine *Angleichung* der Aussagen über Elemente verschiedener Klassen dar, die Induktion (der problematische Teil des zweistufigen Schlussverfahrens) dagegen eine *Verallgemeinerung* der Aussagen über einige Elemente einer Klasse auf alle Elemente derselben Klasse. Beide ergeben zwar gleiche probabilistische Konklusionen, der Weg dorthin scheint aber verschieden zu sein.

Bei näherer Betrachtung gerät diese Unterscheidung jedoch ins Wanken. Die Vertreter der Äquivalenztheorie[159] machen geltend, beim Ähnlichkeitsschluss werde nur dem Anschein nach direkt vom Besonderen aufs Besondere gefolgert. Der Grund dafür, dass eine Aussage, die auf die Gegenstände einer besonderen Klasse zutrifft, vermutlich auch auf die Gegenstände einer anderen besonderen Klasse zutrifft, könne nur darin liegen, dass die Gegenstände beider Klassen bestimmte Eigenschaften miteinander gemein haben, auf denen diese Aussage beruht. Die beiden besonderen Klassen fielen somit unter eine gemeinsame übergeordnete Klasse bzw. unter einen gemeinsamen Oberbegriff – unter den Begriff der Gegenstände, die die bestimmten Eigenschaften aufweisen. Dieser Oberbegriff sei die Grundlage für die Übertragung der Aussage von dem einen Besonderen auf das andere Besondere[160], so dass hier in Wahrheit vom Allgemeinen aufs Besondere geschlossen werde. Nur der Durchgang durch das Allgemeine rechtfertige den (probabilistischen) Schluss vom Besonderen aufs Besondere[161].

Der Meinungsstreit braucht hier indes nicht abschließend entschieden zu werden. Das zweistufige Verfahren kann zumindest als eine bestimmte Interpretation des einstufigen gelten, indem es den formallogisch nicht fassbaren Begriff der Ähnlichkeit in einen formallogisch fassbaren Begriff der Zugehörigkeit zum gleichen Oberbegriff übersetzt. Ob es noch andere Interpretationen gibt, die

---

prügelt wird, (wahrscheinlich) Schmerz empfindet (Satz III). Erst in einem zweiten Schritt wird dann eine Subsumtion von »Hund« unter »Säugetier« vorgenommen (Satz IV) und daraus gefolgert, dass Satz III auch für »Hund« gilt (Satz V). Die Schlusskette steht dem Induktionsschluss näher als dem Ähnlichkeitsschluss. Wenn man »Säugetier« als Oberbegriff von »Mensch« und »Hund« betrachtet, erhält man das zweistufige Schlussverfahren.

159 z. B. Wundt, Wilhelm, Logik, 4. Auflage 1919–1921. Auch Klug, a.a.O., S. 122 ff., scheint einer Gleichsetzung nahe zu stehen.

160 Unschwer erkennt man hier den Gedankengang von Pfänder wieder, allerdings ins Konstruktive gewendet: Statt die übereinstimmenden Eigenschaften, die notwendig vorauszusetzen sind, in den Begriffsinhalten zu suchen, kann man sie auch in Form eines Oberbegriffs mit übergreifendem Umfang einführen, wie dies beim zweistufigen Verfahren geschieht.

161 Die Tatsache, dass man im gewöhnlichen Leben direkt vom Besonderen aufs Besondere zu schließen pflegt, ist nach Höfler, Alois, Logik, 2., vermehrte Auflage 1922., S. 742, auf Gewohnheit zurückzuführen und nicht in der Logik, sondern in der Psychologie zu behandeln.

einen davon abweichenden Begriff der inhaltlichen Ähnlichkeit zwischen zwei Begriffen zu Grunde legen, kann letztlich dahingestellt bleiben, da sie in einem formalen Schlussschema Fremdkörper darstellen würden.

Das zweistufige Verfahren ist jedenfalls aus logischer Sicht die vorzugswürdige Fassung des Analogieschlusses.[162] Während das einstufige Verfahren die Argumentationslücke, die durch das Fehlen eines Mittelbegriffs besteht, mit Hilfe des Ähnlichkeitsbegriffs durch inhaltliche Bezüge zu überbrücken versucht und sich damit außerhalb der formalen Logik stellt, bedient sich das zweistufige Verfahren ausschließlich der formalisierten (mengentheoretischen) Sprache der Klassenlogik.

Im Ergebnis bleibt also nur das zweistufige Verfahren als Kandidat für den besonderen juristischen Analogieschluss übrig.

1.2.4. Verwendbarkeit im Rahmen der Rechtsfortbildung

Die Besonderheit des aristotelisch-scholastischen Analogieschlusses besteht darin, dass ihm zwar keine formallogische Gültigkeit (keine logische Wahrheit) zukommt, aber trotzdem eine gewisse Überzeugungskraft zugebilligt wird. Auch wenn er keine zwingenden Schlussfolgerungen erlaubt, soll er doch zu Aussagen mit einem bestimmten Wahrscheinlichkeitsgrad führen. Wahrscheinlichkeitsaussagen wiederum ermöglichen es, begründete Vermutungen aufzustellen, so dass man den probabilistischen Analogieschluss auch als Plausibilitätsschluss bezeichnen kann.

Fraglich ist, wozu sich ein solcher Plausibilitätsschluss verwenden lässt.

---

162 Die hier vertretene Position darf nicht mit der Ansicht verwechselt, die z. B. von Kries, Johannes von, Logik, 1916, S. 401 ff., vertritt, nämlich dass im einstufigen Ähnlichkeitsschluss ein stillschweigend supponierter Induktionsschluss stecke. Der supponierte Induktionsschluss soll darin zum Ausdruck kommen, dass der Wahrscheinlichkeitsgrad der Konklusion je nach der Zahl der (bisher festgestellten) Übereinstimmungen und Abweichungen ansteige oder abnehme. Demgegenüber entspricht der einstufige Ähnlichkeitsschluss nach hiesiger Auffassung gar nicht den Regeln der formalen Logik und kann daher nach diesen Regeln auch keine Wahrscheinlichkeit in Anspruch nehmen, die ansteigen oder abnehmen könnte. Die Annahme eines supponierten Induktionsschlusses vermag aber auch aus einem anderen Grunde nicht zu überzeugen: Wie oft sich der Schlusssatz bei faktischen Überprüfungen bewährt hat, sagt nur etwas über das Verhältnis dieses Satzes zur Wirklichkeit aus (über den Grad seiner Übereinstimmung mit dem, was der Fall ist), aber nichts darüber, mit welcher Berechtigung er aus der in den Prämissen unterstellten Ähnlichkeitsbeziehung gewonnen wurde. Wenn die Behauptung zuträfe, dass die logische Wahrscheinlichkeit aus der Ähnlichkeitsbeziehung abzuleiten wäre, dann könnte sie nur mit Zunahme der Ähnlichkeit steigen und mit Abnahme der Ähnlichkeit sinken. Diesen Gedanken hat Schneider/Schnapp, a.a.O., S. 151, sehr plastisch dargelegt: Je mehr übereinstimmende und je weniger abweichende Eigenschaften vorliegen, desto größer ist die Ähnlichkeit zwischen den in Bezug genommenen Gegenständen. Mit einem (supponierten) Induktionsschluss hat dies aber nichts zu tun. Aus der Vielzahl der Übereinstimmungen wird ja nicht auf eine gänzliche Übereinstimmung geschlossen – dies verbietet der Begriff der Ähnlichkeit gerade.

Innerhalb der formalen Logik kann ihm wegen seiner fehlenden Stringenz keine nennenswerte Relevanz zugesprochen werden. Darüber war sich bereits *Aristoteles* im Klaren. Seiner Auffassung nach soll der Analogieschluss als rationales Argumentations- und Entscheidungsverfahren gerade in solchen Kontexten dienen, in denen keine stringenten Schlüsse oder Beweise zur Verfügung stehen. Er war sich bewusst, dass es in der Lebenspraxis immer wieder zu neuen Problemstellungen kommt, für die noch keine ausreichenden Tatsachenkenntnisse vorliegen, um Lösungen auf deduktivem Wege zu finden. Hier soll das Analogieverfahren helfen, die neuen Probleme mit bekannten Sachverhalten in Beziehung zu setzen und auf dem Boden des bisherigen Wissens zu pragmatisch vertretbaren Lösungen zu kommen.[163]

Den größten Anwendungsbereich billigt man dem aristotelisch-scholastischen Analogieschluss heutzutage im Rahmen der empirischen Wissenschaften zu, und zwar bei der Bestätigung von Gesetzeshypothesen. Aus der häufigen Beobachtung, dass Ereignisse einer bestimmten Art auf Ereignisse einer anderen Art folgen, soll (mit einer gewissen Wahrscheinlichkeit) abgeleitet werden, dass es sich bei dieser Aufeinanderfolge von Ereignissen um ein allgemeines Gesetz handelt. Der Wahrscheinlichkeitsgrad soll dem Bewährungsgrad der Gesetzesannahme entsprechen.[164]

Zu dem von *Aristoteles* ins Auge gefassten Anwendungsbereich scheint aus gegenwärtiger Sicht aber auch die Rechtsfortbildung zu gehören. Bei der Rechtsfortbildung geht es ja gerade darum, aus der Kenntnis des bestehenden Rechts (der geregelten Sachverhalte) Anhaltspunkte für die Lösung neuer Probleme (ungeregelter Sachverhalte) zu gewinnen. Demnach müsste der probabilistische Analogieschluss seiner Zwecksetzung entsprechend für eine Anwendung in der Rechtsfortbildung geeignet sein.

Davon gehen offensichtlich auch die meisten Autoren in der juristischen Fachliteratur aus. Die aristotelisch-scholastische Plausibilitätskonstruktion ist dasjenige Argumentationsverfahren, auf das am häufigsten zurückgegriffen wird, um die logische Struktur der juristischen Analogie darzustellen (wobei jedoch in der Regel das einstufige, nicht das zweistufige Verfahren herangezogen wird)[165].

---

163 Aristoteles, Analytica Priora II, 24; Rhetorik I. 1357 b, 25 ff.
164 Diese wissenschaftstheoretische Position wird allerdings vom kritischen Rationalismus bekämpft (s. Fußnote 169).
165 s. z. B. Schneider/Schnapp, a.a.O., S. 149 f.; Bund, a.a.O., S. 183 f., der zwar zunächst auch das zweistufige Verfahren vorstellt, dann aber bei seinen weiteren Erörterungen das einstufige Verfahren zu Grunde legt; Wagner/Haag, a.a.O., S. 29 ff., die nur das einstufige Verfahren als Analogieschluss ansehen und die Induktion davon unterscheiden (wobei sie allerdings allen rein formallogischen Operationen die Nützlichkeit für die Lösung juristischer Probleme absprechen. Demgegenüber behandelt Klug, a.a.O., S. 121 ff., sowohl das einstufige als auch das zweistufige Schlussverfahren, bevor er seinen eigenen Ansatz auf dem Boden

Die Identifikation des aristotelisch-scholastischen Schlussverfahrens mit der juristischen Analogie bedeutet allerdings nicht, dass auch die von diesem Verfahren vermittelte Plausibilität anerkannt wird. Die meisten Autoren sind vielmehr der Auffassung, dass ein probabilistisches Schlussverfahren nicht ausreicht, um die Schließung einer Gesetzeslücke durch Analogiebildung zu rechtfertigen. Das heißt: Man hält das Verfahren zwar (hinsichtlich seiner Form) für richtig, aber (hinsichtlich seiner Beweiskraft) für unzulänglich.

Stellvertretend für viele kann die Argumentation von *Schneider*[166] herangezogen werden, die sich allerdings am einstufigen Schlussverfahren orientiert. *Schneider* geht davon aus, dass die Wahrscheinlichkeit, mit der ein Prädikat, wenn es einem bestimmten Gegenstand (Sachverhalt) zugesprochen wird, auch auf einen anderen Gegenstand (Sachverhalt) übertragbar ist, mit der Zahl der Merkmale wächst, die beide Gegenstände (Sachverhalte) gemeinsam haben. Im Extremfall könne die Übereinstimmung »unendlich minus 1« betragen, so dass gerade noch ein Wahrscheinlichkeitsschluss und kein Notwendigkeitsschluss vorliegt:

$M\infty$ ist P

S ist $M\infty - 1$

S ist (wahrscheinlich) P

Das eine fehlende Merkmal, sagt *Schneider*, könne jedoch so wesentlich sein, dass man den beiden Gegenständen (Sachverhalten) die Ähnlichkeit absprechen müsse. Mit anderen Worten: Es kommt nicht auf die Ähnlichkeit der miteinander verglichenen Sachverhalte in *irgendeiner* Hinsicht an, sondern auf ihre Ähnlichkeit in *rechtlich relevanter* Hinsicht, auf ihre Übereinstimmung gerade in den Merkmalen, die für die rechtliche Gleichbehandlung maßgeblich sind. Daher kann auch das kleinste Unterscheidungsmerkmal trotz größtmöglicher sonstiger Gemeinsamkeiten die rechtliche Gleichbehandlung zweier Sachverhalte verhindern.

Diese Argumentation lässt sich mühelos auf das zweistufige Schlussverfahren übertragen. Für jedes übereinstimmende Merkmal, auf dem die Ähnlichkeit im einstufigen Verfahren beruht, lässt sich im zweistufigen Verfahren ein gemeinsamer Oberbegriff einsetzen, so dass die Wahrscheinlichkeit, mit der das dem einen Gegenstand (Sachverhalt) zugeschriebene Prädikat auch auf den anderen Gegenstand (Sachverhalt) zutrifft, mit der Zahl der Oberbegriffe wächst, unter die sich die beiden Gegenstände (Sachverhalte) gemeinsam subsumieren

---

der modernen Logik entwickelt, der sich jedoch gedanklich an das einstufige Verfahren der aristotelisch-scholastischen Logik anschließt.

166 s. Schneider/Schnapp, a.a.O., S. 151 f.

lassen. Im Grenzfall sind die beiden Gegenstände (Sachverhalte) zu 99% unter gemeinsame Begriffe zu fassen, so dass ihre Umfänge nahezu deckungsgleich sind.

Alle M sind P

Alle M sind N (N ist zu 99% M)

(wahrscheinlich) Alle N sind P

Alle S sind N

(wahrscheinlich) Alle S sind P

Dennoch kann der verbleibende 1%-ige Unterschied zwischen den Umfängen von M und N die Schlussfolgerung »Alle N sind P« und damit auch die Schlussfolgerung »Alle S sind P« falsifizieren, weil es möglicherweise gerade auf diesem Unterscheidungsmerkmal beruht, dass M dem Prädikatbegriff P unterzuordnen ist, N aber nicht. Das zweistufige Verfahren ist somit im Ergebnis derselben Kritik ausgesetzt wie das einstufige.

Der grundlegende Mangel beider Verfahren besteht darin, dass sie den Wahrscheinlichkeitsgrad, mit dem sie ein Prädikat von einem Gegenstand (Sachverhalt) auf einen anderen übertragen, ausschließlich auf quantitative Gesichtspunkte gründen und keine Handhabe bieten, die übereinstimmenden Merkmale oder gemeinsamen Oberbegriffe hinsichtlich ihrer Relevanz für die Übertragungsfrage zu gewichten.[167] Bei der juristischen Analogie kommt es aber nicht darauf an, *wie viele* Übereinstimmungen ein ungeregelter Sachverhalt mit einem geregelten aufweist, sondern *welche.* Wenn sich beide in den *entscheidenden* Merkmalen gleichen, können sie im Übrigen weitestgehend voneinander verschieden sein. In einem Fall kann es ausreichen, dass sie ein einziges Merkmal gemeinsam haben, im anderen Fall kann es unzureichend sein, wenn sie in fast allen Merkmalen identisch sind.

Beispiele:

Für die Übertragung des Kündigungsrechts aus wichtigem Grund vom Miet-, Dienst- und Gesellschaftsvertrag auf den Franchise, Automatenaufstellungs,

---

167 s. insoweit auch die Kritik von Wagner/Haag, a.a.O., und die Ausführungen von Schneider/Schnapp, a.a.O., S. 151, zur Frage der Relevanz der übereinstimmenden Merkmale. Auch Klug, a.a.O., S. 130, hält es für das Hauptproblem des Analogieschlusses auf dem Boden der klassischen Logik, dass eine Präzisierung der Ähnlichkeit fehlt. Dieser Vorwurf trifft allerdings nicht nur auf die klassische Logik zu. Zu Recht weist Klug an anderer Stelle (a.a.O., S. 111) darauf hin, dass es auch der Rechtswissenschaft bisher nicht gelungen ist, allgemeine Maßstäbe für die Unterscheidung des Wesentlichen vom Unwesentlichen zu entwickeln, die als Grundlage für eine Analogie dienen könnten. Fest steht indes, dass es sich dabei nicht um quantitative Maßstäbe handeln kann.

Bierlieferungs- und Wärmelieferungsvertrag genügte es (bevor diese Analogie durch entsprechende Kodifizierung überflüssig wurde), dass es sich in allen Fällen um Dauerschuldverhältnisse handelt, unabhängig davon, wie unterschiedlich die Verträge im Übrigen sein mögen. Demgegenüber ist noch niemand auf die Idee verfallen, die Kündigungsschutzvorschriften bei Wohnraummietverhältnissen auf gewerbliche Mietverhältnisse zu übertragen, auch wenn sich diese Vertragstypen dem Gesamtinhalt nach erheblich näher stehen als der Gesellschafts- und der Automatenaufstellungsvertrag im vorigen Beispiel.

Genau genommen, trifft die Behauptung von *Schneider*, die Wahrscheinlichkeit wachse mit der Zahl der Übereinstimmungen, auf die juristische Analogie also gar nicht zu.[168] Solange der ungeregelte Sachverhalt dem geregelten nur in solchen Merkmale gleicht, die für die Verhängung der speziellen Rechtsfolge irrelevant sind, bleibt die Wahrscheinlichkeit, dass beide Sachverhalte gleich zu behandeln sind, 0, und sobald die beiden Sachverhalte alle relevanten Merkmale miteinander teilen, beträgt die Wahrscheinlichkeit 1. Das quantitative Verhältnis von übereinstimmenden und abweichenden Merkmalen ist somit ohne Belang.

Angesichts dieses Ergebnisses ist es schon erstaunlich, dass die herrschende Meinung gleichwohl davon ausgeht, der probabilistische Analogieschluss gebe die logische Struktur der juristischen Analogie zutreffend wieder. Diejenige Plausibilität, die der probabilistische Analogieschluss vermittelt (quantitative Wahrscheinlichkeit), ist für den Gedankengang der juristischen Analogie überhaupt nicht einschlägig.[169]

---

168 Bezeichnenderweise erkennt Schneider/Schnapp, a.a.O., S. 153, der Ähnlichkeit zweier Sachverhalte für die Berechtigung der juristischen Analogie einen bloßen Indizwert zu. Entscheidend sei nur die Ähnlichkeit aus rechtlicher Sicht. Darunter versteht er, dass die Analogie ein Gebot der Gerechtigkeit ist: »Bei der analogen Rechtsanwendung kommt es daher maßgeblich auf das *Ergebnis*, auf die *Entscheidung* an. Man bejaht die Ähnlichkeit der Sachverhalte, wenn man die gewünschte Lösung für billig und gerecht hält. Anderenfalls verneint man sie« (a.a.O., S. 153 f.).

169 Eher ist die quantitative Wahrscheinlichkeit bei der Bestätigung naturwissenschaftlicher Gesetzeshypothesen von Bedeutung. Nach wie vor gehört die Frage, ob und ggf. unter welchen Voraussetzungen es möglich ist, durch eine Vielzahl von Beobachtungssätzen Gesetzesannahmen zu verifizieren, zu den Kernproblemen der Wissenschaftstheorie. In aller Klarheit wurde das Induktionsproblem erstmals von David Hume (s. Eine Untersuchung über den menschlichen Verstand (1748), übersetzt von Raoul Richter, hrsg. von Jens Kuhlenkampf, 12. Auflage 1993, insb. Kapitel 4.2) angesprochen. Seitdem ist die Lösung umstritten. Während der Logische Empirismus und der Positivismus (Hauptvertreter: Moritz Schlick, Rudolf Carnap, Otto Neurath, Carl Gustav Hempel, Hans Reichenbach, Hans Hahn und Alfred Jules Ayer) die Verifikation einer Gesetzeshypothese durch Induktion grundsätzlich für erreichbar halten, schließt sie der Kritische Rationalismus (Begründer: Karl R. Popper; Hauptvertreter: William W. Bartley, Hans Albert und David Miller) unter Berufung auf die logische Ungültigkeit der Induktion aus und erachtet lediglich die Falsifikation einer Hypothese und ihre Ersetzung durch eine bessere (noch nicht falsifizierte) als zulässig. Eine ausführliche Auseinandersetzung mit den wichtigsten heutigen Positionen gibt Stegmüller, Wolfgang, Das

Konsequenterweise müsste die herrschende Meinung das aristotelisch-scholastische Schlussverfahren deshalb nicht nur hinsichtlich seiner Beweiskraft für
unzureichend halten, sondern auch hinsichtlich seiner Form als ungeeignet ver-
werfen. Während es sich beim probabilistischen Analogieschluss um eine Ableitung mutmaßlicher Gemeinsamkeiten aus einer hohen Zahl bereits bekannter
Übereinstimmungen handelt (um eine Verallgemeinerung im Sinne der Induktion), geht es bei der juristischen Analogie um eine Angleichung verschiedener
Sachverhalte durch Ausblendung ihrer irrelevanten Unterschiede (um eine Verallgemeinerung im Sinne der Abstraktion).

Mit dem aristotelisch-scholastischen Analogieschluss ist die juristische Analogie somit entgegen der herrschenden Meinung nicht zu identifizieren.

1.2.5. Nachtrag: Exakte Analogie

Neben dem probabilistischen Analogieschluss, der wegen seiner problemati-
schen Konklusion auch unvollständige Analogie genannt wird, haben einige
Autoren auf dem Boden der klassischen Logik auch eine exakte oder vollstän-
dige Analogie entwickelt.[170] Die von *Wundt*[171] und *Sigwart*[172] vorgeschlagenen
Schemata sind allerdings in erster Linie für die Anwendung in der Mathematik
konzipiert und auf quantifizierte Verhältnisse zugeschnitten, so dass sie für die
juristische Analogie nicht herangezogen werden können. Der Analogieschluss
von *Drobisch*[173] soll dagegen auch außerhalb der Mathematik Anwendung finden können und ist daher näher in Augenschein zu nehmen.

Drobisch geht von dem Fall aus, dass zwei Subjektbegriffe (A und B) koordi-
nierte Artbegriffe einer gemeinsamen Gattung G sind. Diesen Subjektbegriffen
können dann folgendermaßen Prädikate zugesprochen werden:

1. Ein Prädikat (P) kommt der gesamten Gattung G zu, so dass es sowohl A als
   auch B zuzuschreiben ist: A ist P und B ist P.
2. Ein Prädikat (Q) kommt nur A und ein anderes (R) nur B zu. Q und R bilden
   somit die Artunterschiede von A und B. Infolgedessen gehen A und B durch
   Vertauschung von Q und R ineinander über: A ist B (bei Ersetzung von Q
   durch R) und B ist A (bei Ersetzung von R durch Q).

Problem der Induktion. Humes Herausforderung und moderne Antworten, 1966. Die juristische Problematik einer Analogiebildung hat jedoch mit diesem Problem der Bestätigung
oder Bewährung von Gesetzeshypothesen nichts zu tun. Quantitative Gesichtspunkte sind
hier von Vornherein irrelevant.

170 Vgl. zum Folgenden die Darstellung bei Klug, a.a.O., S. 116 ff.
171 Wundt, Logik, S. 327 ff.
172 Sigwart, Christoph von, Logik Bd. II, 5. Auflage 1924, S. 311 f.
173 s. Drobisch, Moritz Wilhelm, Neue Darstellung der Logik nach ihren einfachsten Verhältnis-
    sen mit Rücksicht auf Mathematik und Naturwissenschaft, 5. Auflage 1887, S. 190 ff.

3. Ein Prädikat (S) kommt – wie bei Fall 1 – der gesamten Gattung G zu, aber mit dem Unterschied, dass es durch die jeweiligen Artunterschiede Q und R modifiziert wird. Dies bedeutet: G ist S, entweder modifiziert durch Q oder modifiziert durch R; so dass gilt: A ist SQ und B ist SR.

Im 3. Fall verhält sich SQ zu A wie sich SR zu B verhält. SQ und SR stehen in analoger Beziehung zueinander. Man kann nun wie folgt von einem Subjekt und dessen Prädikat durch einen exakten Analogieschluss auf das entsprechende Prädikat des anderen Subjekts schließen:

A ist SQ
B ist A bei Ersetzung von Q durch R
Also: B ist SR.

Inwieweit dieser Analogieschluss tatsächlich, wie *Drobisch* behauptet[174], auch außerhalb der Mathematik zu gebrauchen ist, kann im vorliegenden Zusammenhang dahingestellt bleiben.[175] Es ist offensichtlich, dass er jedenfalls für die logische Rekonstruktion der juristischen Analogie im Rahmen der Rechtsfortbildung nicht herangezogen werden kann.

Es handelt sich nämlich überhaupt nicht um ein Verallgemeinerungsverfahren und liefert deshalb auch keinerlei Begründung dafür, dass zwei ähnliche (teils gleiche, teils ungleiche) Sachverhalte rechtlich gleich zu behandeln sind. Auch wenn die beiden Sachverhalte A und B, denen die jeweils spezifischen Merkmale Q und R zuzuordnen sind, ein gemeinsames Merkmal S besitzen, das durch die spezifischen Merkmale in SQ und SR modifiziert wird, so bleibt es bei der Unterschiedlichkeit der beiden Sachverhalte und ihrer Prädikate, so dass eine Gleichbehandlung gar nicht in den Blick kommt. Wenn S im Sachverhalt A durch die Verbindung mit Q eine bestimmte rechtliche Bewertung auslöst, so

---

174 s. Drobisch, a.a.O., S. 190
175 Zu Recht weist Klug, a.a.O., S. 117, darauf hin, dass außerhalb der Mathematik in vielen Fällen die von der strengen Analogie vorausgesetzten präzisen Begriffe und Begriffsbeziehungen fehlen. Dies zeigt bereits das von Drobisch, a.a.O., S. 192, selbst gewählte Beispiel: »Der Mensch (A) und das Tier (B) sind beseelte Organismen (G). Der eigentümliche Artunterschied des Menschen ist die Vernunft (α), der des Tieres der Instinkt (β). Beiden kommt zufolge ihrer gemeinsamen Gattung das Prädikat ›Vermögen zu handeln‹ (p) zu, aber dem Menschen in besonderer Beziehung auf seinen Artunterschied das Vermögen, vernünftig zu handeln ($P = p\,\alpha$). Hieraus folgt nun nach strenger Analogie, dass dem Tier mit Bezug auf seinen Artunterschied das Vermögen, instinktiv zu handeln ($Q = p\,\beta$) zukommen muss.« Angesichts des heutigen Erkenntnisstands der Gehirn- und Verhaltensforschung dürfte sowohl die Unterscheidung zwischen »Mensch« und »Tier« und die Begrifflichkeit von »Vernunft« und »Instinkt« als auch die davon abgeleitete Unterscheidung zwischen vernunft- und instinktgeleitetem Verhalten höchst problematisch sein. Diese Begriffe sind alles andere als klar und eindeutig und eignen sich kaum für eine strenge Analogie.

muss dies für S im Sachverhalt B, wo es in Verbindung mit R steht, keineswegs
genauso gelten.

Beispiel:

Sachkauf (A) und Forderungskauf (B) sind Arten des Kaufs (G). Beim Sachkauf ist der Kaufgegenstand eine bewegliche oder eine unbewegliche Sache
(Q), beim Forderungskauf eine Forderung (R). Sowohl beim Sachkauf als auch
beim Forderungskauf kann die Veräußerung durch einen Nichtberechtigten erfolgen (S). Beim Sachkauf bedeutet dies, dass dem Verkäufer das Eigentumsrecht bzw. das Recht zur Vertretung des Eigentümers fehlt (SQ), beim Rechts-
kauf, dass der Verkäufer weder Forderungsinhaber noch Vertreter des Forde-
rungsinhabers ist (SR). Die Nichtberechtigung beim Sachkauf (SQ) und die
Nichtberechtigung beim Forderungskauf (SR) stehen zwar in analoger Beziehung zueinander, doch sie behalten ihre (durchaus relevanten) Unterschiede.
Insbesondere kann beim Sachkauf vom Nichtberechtigten ein Rechtsschein (etwa durch den unmittelbaren Besitz einer beweglichen Sache) entstehen, während dies beim Forderungskauf ausgeschlossen ist, da es an einem entsprechenden Publizitätstatbestand fehlt. Dementsprechend fällt auch die rechtliche
Bewertung beider Sachverhalte unterschiedlich aus: Beim Sachkauf vom Nichtberechtigten ist (unter bestimmten Umständen) gutgläubiger Erwerb möglich,
beim Forderungskauf vom Nichtberechtigten dagegen nicht.

Als Ergebnis bleibt festzuhalten, dass auch der exakte Analogieschluss von Drobisch für die juristische Argumentation irrelevant ist. Er spiegelt nicht die juristische Fragestellung einer Analogie im Rahmen der Rechtsfortbildung wider.

1.3.   Rekonstruktion auf dem Boden der Aussagenlogik

1.3.1.   Grundzüge der Aussagenlogik

Während die Schlüsse beim Syllogismus auf Klassenbeziehungen beruhen (auf
der Zuordnung von Elementen zu Begriffsumfängen und ihren Schnittmengen),
ergeben sie sich in der Aussagenlogik aus den Wahrheitsbedingungen, die für die
Verknüpfung von Einzelsätzen gelten. Es wird untersucht, wie der Wahrheitswert
einer Satzverknüpfung vom Wahrheitswert der Einzelsätze abhängt, aus denen
sie besteht.
    Gegenstand der Aussagenlogik sind komplexe Sätze, die durch bestimmte
Bindungsglieder (»und«, »oder«, »wenn – dann« usw.) – Junktoren genannt –
aus mehreren Einzel- bzw. Teilsätzen zusammengesetzt sind. Bei einem kalkül-

mäßigen[176] Aufbau der Aussagenlogik wird für jede zugelassene Verknüpfungsart von Sätzen genau definiert, welchen Wahrheitswert sie bei jeder möglichen Kombination der Wahrheitswerte ihrer Einzelsätze annimmt. Man betrachtet den Wahrheitswert des zusammengesetzten Satzes somit als eine *Funktion* der Wahrheitswerte seiner Einzelsätze.

So ist die Satzverknüpfung mit dem Junktor »und« (z. B.: »Der Schuldner befindet sich mit der Leistung im Verzug« [p] und »Der Gläubiger hat die Leistungsannahme nach Fristsetzung abgelehnt« [q]) nur dann wahr, wenn jeder einzelne der miteinander verknüpften Sätze wahr ist (»p« ist wahr und »q« ist wahr), und falsch, wenn einer der Einzelsätze falsch ist (»p« ist wahr und »q« ist falsch oder »p« ist falsch und »q« ist wahr) oder beide falsch sind (»p« ist falsch und »q« ist falsch). Trägt man die Wahrheitswerte (w = wahr; f = falsch) für den Junktor »und« ($\land$) zur übersichtlichen Darstellung in eine Tabelle ein, erhält man für die so genannte *Konjunktion* die folgende Werte- oder Wahrheitstafel[177]:

p	q	$p \land q$
w	w	w
w	f	f
f	w	f
f	f	f

---

176 Der kalkülmäßige Aufbau ist die heute übliche Darstellung der Logik. Dabei ist die Ähnlichkeit zur Mathematik nicht zufällig. Ebenso wie der Mathematiker will der Logiker strukturelle Gesetzmäßigkeiten unabhängig von den jeweiligen Inhalten aufzeigen. Den ersten Schritt in diese Richtung hatte bereits Aristoteles vollzogen. Er war bis zur Verwendung von Variablen für die im Syllogismus verwendeten Subjekt- und Prädikatbegriffe gekommen. Die Scholastiker gingen noch einen Schritt weiter und führten zudem Symbole (Kennvokale) für die einzelnen Urteilsarten ein. Außerdem entwickelten sie bereits Regeln für die Umstellung und Ersetzung von Symbolen. Von einem Kalkül war dieses Verfahren jedoch noch weit entfernt. Die Regeln galten nur für einzelne, besondere Fälle und bildeten kein vollständiges System. Bis zum nächsten Schritt verging dann viel Zeit. Erst Leibnitz (1646–1714) befasste sich wieder eingehend mit der Problematik, einen allgemeinen logischen Kalkül (strukturelle Gesetzmäßigkeiten für beliebige rationale Strukturen) zu entwickeln. Allerdings konnte er hier nicht die gleichen Erfolge wie in der Differential- und Integralrechnung erzielen. Den ersten modernen Logikkalkül zu schaffen, blieb dem Mathematiker Boole (1815–1864) vorbehalten. Dabei handelte es sich allerdings um eine Anwendung modifizierter Regeln der Algebra auf die Logik, die sich letztlich als zu eng erwies. Ohne Rückgriff auf die mathematische Vorbilder kam die Begriffsschrift von Frege (1848–1925) aus, die sich indes auch nicht durchsetzen konnte. Die heute gebräuchlichen Logikkalküle gehen auf den Mathematiker Peano (1858–1932) zurück, dessen Arbeiten im Wesentlichen von Russell (1872–1970) und Whitehead (1861–1947) weiterentwickelt wurden. S. hierzu die zusammenfassende Darstellung bei Bund, a.a.O., S. 63 ff.

177 Das Verfahren der Wahrheitstafeln hat Wittgenstein in seinem »Tractatus logico-philosophicus«, a.a.O., 4.31, eingeführt.

Anhand solcher Wahrheitstafeln, die man für jeden Junktor aufstellen kann, lässt sich leicht ablesen, welche logischen Implikationen zwischen einem komplexen wahrheitsfunktionalen Satz und seinen Teilsätzen bestehen.

Zu den am häufigsten gebrauchten Verknüpfungsarten gehört neben der Konjunktion die *Disjunktion* mit dem Junktor »∨«, dem in der natürlichen Sprache das Wort »oder« entspricht. Das Wort »oder« ist jedoch zweideutig. Es wird oft auch im Sinne der Alternative (für die man das Zeichen »#« verwenden kann) verstanden. Der Unterschied besteht darin, dass die Alternative (p # q) nur wahr ist, wenn einer der beiden zur Auswahl stehenden Teilsätze (entweder p oder q) wahr ist, die Disjunktion (p ∨ q) aber auch dann, wenn beide miteinander verbundenen Sätze (p und q) wahr sind.

Beispiele:

Bei dem zusammengesetzten Satz »Die Klage ist erfolglos, wenn sie unzulässig oder unbegründet ist« handelt es sich um eine Disjunktion, da die Klage auch dann erfolglos ist, wenn sie sowohl unzulässig als auch unbegründet ist. Der Satz »Der Käufer kann Wandlung oder Minderung verlangen« stellt demgegenüber eine Alternative dar, da er nicht beides zugleich geltend machen kann.

Von großer Bedeutung bei logischen Operationen ist auch die *Implikation* mit dem Junktor »→«, der in der natürlichen Sprache gewöhnlich mit den Wörtern »wenn, dann« wiedergegeben wird. Diese Verknüpfungsart ist vor allem gegen die *Replikation* (←) und die *Äquivalenz* (↔) abzugrenzen. Die Implikation (p→q) meint die hinreichende Bedingung (»immer wenn, dann«), die Replikation (p ← q) die notwendige Bedingung (»nur wenn, dann«) und die Äquivalenz (p ↔ q) die hinreichende und notwendige Bedingung (»immer und nur wenn, dann«)[178]. Die logische Sprache zwingt hier ähnlich wie bei der Unterscheidung zwischen Disjunktion und Alternative zu einer Präzisierung.

Zur Darstellung von Schlüssen bedient man sich in der Regel einer zeilenförmigen Schreibweise, bei der die Prämissen durch ein horizontales Abgrenzungszeichen (»⊩«) von der Konklusion getrennt werden.

Beispiel:

p # q; p ⊩ ¬ q.

Der Begriff der Schlüssigkeit ist hier im Unterschied zum Syllogismus eindeutig definiert: Eine bestimmte Aussage folgt schlüssig aus einer anderen, wenn es

---

178 s. hierzu Bund, a.a.O., S. 72 f.

aufgrund der Wahrheitsfunktionen unmöglich ist, dass die erste Aussage wahr, die zweite aber falsch ist. Bei Belegung der Prämissen mit dem Wahrheitswert »w« nimmt die Konklusion ebenfalls den Wahrheitswert »w« an.

Im Beispielsfall sind diese Voraussetzungen erfüllt: Wenn die Prämisse »p # q« wahr ist, dann ist entweder »p« wahr und »q« falsch oder »p« falsch und »q« wahr, und wenn zusätzlich die Prämisse »p« wahr ist, dann ist nur die erste der beiden Varianten wahr, so dass »q« falsch bzw. »¬ q« wahr ist.

Bei näherer Betrachtung fällt auf, dass die für die Schlüssigkeit vorausgesetzte Belegung der Prämissen und Folgerungen mit Wahrheitswerten genau mit der Wahrheitsfunktion der Implikation für den Fall übereinstimmt, dass das Implikans wahr ist, denn dann kann auch das Implikat keinen anderen Wahrheitswert als »w« annehmen. Die Folgerungsbeziehung und die Implikation stehen somit in einem strukturellen Zusammenhang miteinander: Die Folgerungsbeziehung entspricht der Wahrheitsverbindung zwischen Implikans und Implikat[179].

Damit steht in der Aussagenlogik ein geeignetes Instrumentarium zur Entscheidung über die Gültigkeit oder Ungültigkeit von Schlüssen zur Verfügung.

1.3.2. Aussagenlogische Formulierungen des Analogieschlusses

Gerade bei der Darstellung juristischer Strukturen weist die Aussagenlogik deutliche Vorzüge gegenüber dem Syllogismus auf. Kaum eine logische Konstruktion eignet sich so gut dazu, den Zusammenhang zwischen Tatbestand und Rechtsfolge wiederzugeben, wie die Satzverknüpfung der Implikation: Wenn der Tatbestand p erfüllt ist, tritt die Rechtsfolge q ein: $p \rightarrow q$. Tatbestand und Rechtsfolge verhalten sich wahrheitsfunktional zueinander wie Implikans und Implikat.

Umso erstaunlicher erscheint es daher auf den ersten Blick, dass sich in der Literatur nur wenige Autoren finden, die den juristischen Analogieschluss auf dem Boden der Aussagenlogik zu rekonstruieren versuchen. Es gibt eigentlich nur einen einzigen ausgearbeiteten Lösungsansatz hierzu, nämlich den von *Bund*[180], der allerdings als Alternative auch den syllogistischen Ähnlichkeitsschluss verwendet, den er mit der aussagenlogischen Konstruktion für austauschbar hält.

Bund vertritt die Ansicht, dass der syllogistische Ähnlichkeitsschluss

M – P
S – M ähnlich
S – P wahrscheinlich

---

179 Aus der Falschheit der Bedingung oder der Wahrheit des Bedingten kann man hingegen nichts schließen: Wenn »p« falsch, kann der Wahrheitswert von »q« wahr oder falsch sein, und wenn »q« wahr ist, kann der Wahrheitswert von »p« wahr oder falsch sein.
180 Bund, a.a.O., S. 181 ff.

sein aussagenlogisches Pendant in dem Schluss vom Implikat aufs Implikans

$$p \rightarrow q; q \Vdash p$$

findet.[181]

Dieser Schluss ist bekanntermaßen ebenso wenig gültig wie der Ähnlichkeitsschluss. Ihm kann, wie *Bund* sagt, nur eine gewisse Wahrscheinlichkeit zuerkannt werden.

Die Folgerung vom Bedingten aufs Bedingende – die so genannte Reduktion – wird seiner Auffassung nach in der Jurisprudenz nicht nur zur Gewinnung von Hypothesen verwendet, wie in vielen anderen Wissenschaften, sondern oft auch zur Verallgemeinerung des Implikats, etwa bei der Erschließung der ratio legis im Rahmen der Gesetzesauslegung. Eine solche verallgemeinernde Reduktion, Induktion genannt, soll auch der Analogieschluss darstellen.[182]

Ohne nähere Begründung sind diese Darlegungen jedoch nicht nachvollziehbar. Unklar ist bereits, wie sich durch das Verfahren der Reduktion der Sinn und Zweck einer Norm – die ratio legis – ermitteln lassen soll. Die Symbole »p« und »q« können hier offensichtlich nicht für den Tatbestand und die Rechtsfolge der Norm stehen, denn im Rückschluss vom Eintritt der Rechtsfolge auf die Erfüllung des Tatbestandes kann man kaum die ratio legis entdecken. Vielmehr scheint der ratio legis die Rolle des Implikans (p) zuzufallen und der Normtext als ganzer die Rolle des Implikats (q) einzunehmen. Bei dieser Lesart würde aber das, was der Jurist erst erschließen will – die ratio legis – schon als gegeben vorausgesetzt, denn die Reduktion geht expressis verbis von den Prämissen »p → q« und »q« aus. Wenn »p« und sein Implikationsverhältnis zu »q« nicht schon bekannt wären, könnte man dem Rückschluss von »q« auf »p« keinerlei Wahrscheinlichkeit zusprechen. Wie die Reduktion bei der Gesetzesauslegung zum Auffinden der ratio legis dienen kann, ist somit nicht ersichtlich.

Noch unklarer ist es, wie mit Hilfe der (induktiven) Reduktion (p → q; q ⊩ p) der juristische Analogieschluss dargestellt werden soll. Die Variablen »p« und »q« können hier wiederum nicht so verstanden werden, dass sie Tatbestand und Rechtsfolge einer Norm symbolisieren, weil es dann an einem zweiten Tatbestand fehlte, der sich analog zu »p« verhalten könnte. Im Gegenteil würde mit dem Rückschluss von »q« auf »p« eine Äquivalenzbeziehung zwischen Tatbestand und Rechtsfolge behauptet (p ↔ q), so dass die Rechtsfolge »q« zwingend mit dem Tatbestand »p« verknüpft wäre, also der Umkehrschluss »¬ p →¬ q« erlaubt wäre, der eine Analogie gerade ausschließt. So bleibt nur die Möglichkeit übrig, dass »p« und »q« zwei unterschiedliche, aber ähnliche (und deshalb

181 Bund, a.a.O., S. 183
182 Bund, a.a.O., S. 181 f.

in der Rechtsfolge gleich zu setzende) Tatbestände bzw. Sachverhaltsbeschreibungen bezeichnen. Dann werden aber durch den Rückschluss von »q« auf »p« nur die beiden Sachverhalte in ein äquivalentes Verhältnis zueinander gesetzt, so dass mit dem einen immer auch der andere gegeben wäre, während es bei der juristischen Analogie gerade darauf ankommt, dass die für einen bestimmten Tatbestand aufgestellte Rechtsfolge auch dann verhängt wird, wenn dieser Tatbestand eben nicht erfüllt ist, sondern der andere, ähnliche Sachverhalt vorliegt.

Entgegen der Ansicht von *Bund* scheint somit die aussagenlogische Reduktion nicht für eine Wiedergabe des juristischen Analogieschlusses geeignet zu sein.

Näher liegt vielmehr eine andere Verfahrensweise, bei der zunächst die Ähnlichkeit zweier Sachverhalte mit den Mitteln der Aussagenlogik (durch Einzelsätze über die Erfüllung bestimmter Tatbestandsmerkmale) zum Ausdruck gebracht und dann aus dieser Ähnlichkeit auf den Eintritt derselben Rechtsfolge geschlossen wird.

Zu dem durch die Einzelsätze »$p \wedge (q \vee r) \wedge \neg s$« beschriebenen Tatbestand kann man zum Beispiel den ähnlichen Tatbestand »$p \wedge (q \vee r) \wedge \neg t$« bilden, der sich vom ersten nur durch die Verneinung von »t« statt der Verneinung von »s« unterscheidet. Die Übertragung der Rechtsfolge »u« vom ersten auf den zweiten Tatbestand lässt sich dann wie folgt darstellen: $(p \wedge [q \vee r] \wedge \neg s) \rightarrow u; p \wedge [q \vee r] \wedge \neg t \Vdash u$.

Es ist offenkundig, dass dieser Schluss ebenfalls ungültig ist und allenfalls mit einer gewissen Wahrscheinlichkeit (Plausibilität) ausgestattet sein könnte. Anders als die Reduktion weist er in der Tat große Parallelen zum aristotelisch-scholastischen Ähnlichkeitsschluss auf.

Da sich der aristotelisch-scholastische Ähnlichkeitsschluss aber schon als untauglich für die Darstellung der juristischen Analogie erwiesen hat, erheben sich Zweifel daran, dass es der aussagenlogischen Schlusskonstruktion insoweit anders ergehen könnte. Bei näherer Betrachtung zeigt sich denn auch, dass sie denselben Einwänden wie der aristotelisch-scholastische Ähnlichkeitsschluss ausgesetzt ist.[183] Die Mängel treten an ihr sogar noch weitaus deutlicher hervor als an jenem:

Selbst wenn der Unterschied zwischen den beiden Tatbeständen – quantitativ gesehen – noch so gering ist, kann man nicht ausschließen, dass es gerade die geringfügige Abweichung ist, die für das Implikationsverhältnis zur Rechtsfolge ausschlaggebend ist. Für die juristische Analogie kommt es nicht auf die *Zahl*, sondern auf die *Relevanz* der Übereinstimmungen an. Für eine Gewichtung der Elemente, aus denen das Implikans besteht, im Hinblick auf die Verknüpfung mit dem Implikat finden sich in der Aussagenlogik aber keine Ansatzpunkte. Im Gegenteil: Wahrheitsfunktional betrachtet kann es keinen Unterschied zwischen

---

183 s. oben, S. 56 ff.

den einzelnen Sätzen des Implikans geben. Sie müssen alle gleichermaßen wahr sein, damit daraus auf die Wahrheit des Implikats gefolgert werden kann.

Genau genommen, ist es somit völlig gleichgültig, ob die beiden miteinander verglichenen Tatbestände partielle Gemeinsamkeiten aufweisen oder gänzlich verschieden sind. Die Satzverknüpfung »(p ∧ [q ∨ r] ∧¬ s) → u; p ∧ [q ∨ r] ∧ ¬ t ⊩ u« ist genauso ungültig wie die Satzverknüpfung »p → q; r ⊩ q«, und sie ist auch nicht im Geringsten wahrscheinlicher. In beiden Fällen ist dem Implikans der gleiche Wahrheitswert, nämlich »falsch«, zuzuweisen. Für eine Relativierung dieses Wahrheitswertes je nachdem, wie viele Teile eines zusammengesetzten Implikans wahr und wie viele falsch sind, gibt es in der zweiwertigen Aussagenlogik, die nur mit den Wahrheitswerten »wahr« und »falsch« operiert, gar keinen Platz.

Hierfür müsste man zunächst einmal die Wahrscheinlichkeit und Unwahrscheinlichkeit von Sätzen und Satzverbindungen als Wahrheitswerte in den Kalkül aufnehmen. Es müsste also eindeutig definiert werden, welche aus wahren und falschen Einzelsätzen bestehenden Satzkombinationen den Wert »wahrscheinlich« oder »unwahrscheinlich« bzw. einen bestimmten Wahrscheinlichkeitsgrad annehmen sollen. Da die Inhalte der Sätze außer Betracht bleiben, könnte sich der Wahrscheinlichkeitswert der Satzkombinationen nur auf das quantitative (proportionale) Verhältnis der wahren zu den falschen Teilsätzen beziehen. Ein quantitativer Begriff der Wahrscheinlichkeit hätte aber für die Jurisprudenz, insbesondere für die Problematik der Rechtsfortbildung, wie oben ausgeführt, keinen nennenswerten Nutzen.

Auch die Aussagenlogik bietet somit keine Möglichkeit, den juristischen Analogieschluss angemessen zum Ausdruck zu bringen. Ein kalkülmäßiger Aufbau der Aussagenlogik bringt dieses Ergebnis besonders deutlich zu Tage. Vielleicht ist dies der Grund dafür, dass es so wenige Autoren gibt, die einen aussagenlogischen Ansatz favorisieren.

1.4.   Rekonstruktion in der modernen Prädikatenlogik

1.4.1.   Vorbemerkung

Fraglich ist, ob das Instrumentarium der modernen Prädikatenlogik besser zur Darstellung der juristischen Analogie geeignet ist als die bisherigen Ansätze.

Die moderne Prädikatenlogik zeichnet sich dadurch aus, dass sie sowohl die Innenstruktur der Sätze als auch ihr Außenverhältnis zueinander betrachtet. Sie vereinigt in gewisser Weise Begriffs- und Aussagenlogik in sich.

Während die syllogistische Logik im Vergleich zur Aussagenlogik weniger stringent ist, weil sie die Gültigkeit ihrer Schlussfiguren nur auf Evidenz gründen kann, verfügt die Aussagenlogik, gemessen an den Möglichkeiten der syllogistischen Logik, nur über grobe Ausdrucksformen, da sie den inneren Aufbau von Sätzen nicht nachzuzeichnen vermag. Hinsichtlich der logischen Strenge bleibt also die Syllogistik hinter der Aussagenlogik zurück, hinsichtlich des Differenzierungsgrades aber die Aussagenlogik hinter der Syllogistik.

Die moderne Prädikatenlogik versucht nun, sich die Vorteile beider Logiken zu Nutze zu machen, indem sie die mengentheoretischen bzw. klassenlogischen Begriffsbeziehungen mit aussagenlogischen Wahrheitsfunktionen kombiniert.

1.4.2. Grundzüge der modernen Prädikatenlogik

Bei der kalkülmäßigen Darstellung prädikatenlogischer Beziehungen ordnet man einem Zeichen, das einen Gegenstand symbolisiert, ein anderes Zeichen zu, das für ein Prädikat steht. So kann man z.B. den prädikativen Satz »Das Amtsgericht Bonn ist zuständig« durch die Verknüpfung des Zeichens »bo« (für »AG Bonn«) mit dem Zeichen »Z« (für »ist zuständig«) wiedergeben:

Zbo.

Großbuchstaben werden üblicherweise für Prädikate, Kleinbuchstaben für Gegenstände (Individuen) verwendet[184]. Die so gebildeten prädikativen Sätze können wie in der Aussagenlogik durch Junktoren miteinander verbunden werden.

Beispiele:

»Entweder ist das AG Bonn zuständig oder das AG Siegburg (si)«:
Zbo # Zsi

»Wenn das AG Bonn zuständig ist, dann ist nicht das AG Siegburg zuständig«:
Zbo → ¬Zsi.

»Weder das AG Bonn noch das AG Siegburg sind zuständig«:
¬ Zbo ∧ ¬ Zsi.

Durch die Einführung der Wahrheitsfunktionen hängt die Wahrheit der Satzverbindungen von der Wahrheit der Teilaussagen ab, aus denen sie bestehen, also davon, ob die Prädikationen, die in diesen Teilsätzen vorgenommen werden, wahr oder falsch sind.

Bezieht man sich – wie in den obigen Beispielen – bei der Zuordnung von Eigenschaften auf *bestimmte* Gegenstände, setzt man so genannte Gegenstands-

---

184 Durch diese Festlegung erspart man sich die Klammern, in die manche Logiker das Gegenstandszeichen setzen.

konstanten ein, die meistens aus zwei Kleinbuchstaben gebildet werden (z. B. »bo« für AG Bonn, »si« für AG Siegburg) und deren Bedeutung im jeweiligen Kontext gleich bleibt. Hat man dagegen, wie in der Regel, *beliebige* Gegenstände im Blick, verwendet man dafür so genannte Gegenstandsvariablen, die üblicherweise aus nur einem Kleinbuchstaben bestehen (z. B. »x« in dem Satz Zx: »Irgendein AG ist zuständig«). Die Gegenstandsvariablen können bei wiederholtem Vorkommen im selben Kontext auch unterschiedliche Gegenstände bezeichnen.

Für die Prädikate werden zumeist ebenfalls Variablen benutzt (z. B.: »P« für eine nicht näher bezeichnete Eigenschaft). Im Unterschied zu den Subjektsvariablen kommt allerdings den Prädikatenvariablen im selben Kontext immer wieder dieselbe Bedeutung zu.

Neben einstelligen Prädikaten, die jeweils nur ein Gegenstandszeichen betreffen, gibt es auch mehrstellige Prädikate, die sich auf mehrere Gegenstände beziehen und diese in ein bestimmtes Verhältnis zueinander setzen.

Beispiele:

»x und y schließen einen Kaufvertrag (K)«:
Kx,y.

»Onkel Alfred (al) setzt seinen Neffen Franz (fr) als Erben (E) ein«:
Eal,fr.

»Der Verkäufer x übergibt (Ü) die Kaufsache y an den Käufer z«:
Üx,y,z.

Grundsätzlich ist die Reihenfolge der Gegenstandszeichen in diesen Fällen nicht gleichgültig. Vielmehr drückt die Stelle, an der ein Gegenstandszeichen steht, dessen jeweilige Beziehung zum Prädikat und seine Position im Gesamtgefüge der Gegenstände aus. Anders verhält es sich nur bei einer symmetrischen Beziehung, etwa beim Prädikat »sind miteinander verheiratet (V)« Hier ist Vx,y gleichbedeutend mit Vy,x.

Mit diesem recht einfachen Instrumentarium lassen sich bereits viel differenziertere Prädikationsverhältnisse darstellen als in der aristotelisch-scholastischen Logik[185]. Es fehlt allerdings noch die Möglichkeit, die Binnenstruktur der Sätze in die logischen Operationen mit einzubeziehen. Bisher bestehen die logischen Abhängigkeiten wie in der Aussagenlogik nur zwischen den Prädikatsätzen als ganzen.

---

185 Die syllogistische Logik kennt im Grunde nur einstellige Prädikate und ist damit in ihren Möglichkeiten sehr eingeschränkt (s. hierzu z. B. die Ausführungen von Tugendhat/Wolf, a.a.O., S. 81).

Im aristotelisch-scholastischen Syllogismus beruhen die logischen Beziehungen zwischen den verwendeten Begriffen auf der Quantifizierbarkeit der Prädikationen. Je nachdem, ob die Prädikate *allen* oder nur *einigen* Gegenständen, die vom Subjektbegriff bzw. vom Mittelbegriff bezeichnet werden, zu- oder abgesprochen werden, ergeben sich unterschiedliche logische Beziehungen zwischen den Begriffen. Um es der syllogistischen Logik insoweit gleich zu tun, benötigt die moderne Prädikatenlogik also ebenfalls bestimmte Werkzeuge, mit denen sie das Verhältnis von Gegenständen und Prädikaten quantifizieren kann. Diese Werkzeuge werden »Universaloperator« und »Existenzoperator« genannt[186]. Die dafür verwendeten Abkürzungszeichen sind nicht einheitlich. Meistens wird der Universaloperator durch das Zeichen »$\land$« wiedergegeben und der Existenzoperator durch das Zeichen »$\lor$«[187].

Diese »Quantoren«, wie sie auch genannt werden, stehen immer am Anfang einer Prädikation. Bevor man einem Gegenstandszeichen ein Prädikatszeichen zuordnet, muss man zunächst festlegen, ob die Zuordnung für alle Individuen gelten soll, die unter das Gegenstandszeichen fallen, oder nur für einige von ihnen (mindestens für eines):

$\land$x Px bedeutet demnach: »Für alle x gilt: x hat die Eigenschaft P.«
Vx Px heißt demgegenüber: »Es gibt mindestens ein x, für das gilt: x hat die Eigenschaft P.«

Der jeweilige Wirkungsbereich der Quantoren lässt sich durch die Einfügung von Klammern kennzeichnen:

$\land$x (Px $\lor$ ¬Px) $\land$ Vx (Px $\rightarrow$ Qx) besagt: Für alle x gilt: x hat die Eigenschaft P oder x hat nicht die Eigenschaft P, und für einige x gilt: Wenn x die Eigenschaft P hat, dann hat x auch die Eigenschaft Q.

Wie alle Operatoren lassen sich die Quantoren auch negieren:

¬$\land$x Px bedeutet: »Nicht für alle x gilt: x hat die Eigenschaft P«.
¬Vx Px bedeutet: »Für kein x gilt: x hat die Eigenschaft P.«

---

186 Gebräuchlich sind auch die Bezeichnungen »Generalisator« und »Partikulator« oder »Allquantor« und »Existenzquantor«.

187 Dass der Universaloperator bei dieser Schreibweise dem Konjunktionsjunktor ähnelt und der Existenzoperator dem Disjunktionsjunktor, hat seinen tieferen Grund. Statt $\land$x Px könnte man auch schreiben: Pxx1 $\land$ Pxx2 $\land$...$\land$ Pxxn und statt Vx Px : Pxx1 $\lor$ Pxx2 $\lor$...$\lor$ Pxxn (s. Bund, a.a.O., S. 108).

Der Negationsoperator bietet sogar die Möglichkeit, beide Quantoren gegeneinander auszutauschen[188]. Dies kann man an folgenden Äquivalenzen zeigen:

$$\forall x\, Px \leftrightarrow \neg \wedge x \neg Px$$
$$\forall x\, \neg Px \leftrightarrow \neg \wedge x\, Px$$
$$\neg \forall x\, Px \leftrightarrow \wedge x\, \neg Px$$
$$\neg \forall x\, \neg Px \leftrightarrow \wedge x\, Px.$$

Damit vereint die moderne Prädikatenlogik den Ausdrucksreichtum der aristotelisch-scholastischen Logik mit der Exaktheit der wahrheitsfunktionalen Aussagenlogik.

Zu prüfen ist nun, wie sich mit dem Instrumentarium der modernen Prädikatenlogik der juristische Analogieschluss rekonstruieren lässt.

1.4.3.   Der Lösungsansatz von *Klug*

Die ausführlichste und wohl auch bedeutendste Darstellung des Analogieschlusses auf dem Boden der modernen Prädikatenlogik (unter Einbeziehung der Mengenlehre) dürfte von *Klug*[189] stammen. Angesichts des Scheiterns der klassischen Logik bei dem Bemühen, der Jurisprudenz ein geeignetes und gültiges Schlussverfahren für die Analogiebildung an die Hand zu geben, hat er den Versuch unternommen, dem juristischen Analogieschluss mit Hilfe des Prädikatenkalküls mehr Stringenz zu verleihen.

Er setzt zunächst beim nicht stringenten Schema des Analogieschlusses in der klassischen Logik an[190]:

Alle M sind P
Alle S sind M-ähnlich
Alle S sind P

Dann übersetzt er diesen Schluss in die Sprache des Prädikatenkalküls, wobei er für den Begriff »M-ähnlich« das Symbol »N« einsetzt und die Reihenfolge von Ober- und Untersatz vertauscht:

$$\{\wedge x\, (Sx \to Nx)\ \wedge \wedge x\, (Mx \to Px)\} \to^{191} \wedge x\, (Sx \to Px)$$

---

188 s. Bund, a.a.O., S. 109; Bucher, a.a.O., 214
189 Klug, a.a.O., S. 131 ff.
190 s. Klug, a.a.O., S. 131
191 Anstelle des von Klug verwendeten Implikationszeichens »→« könnte man hier auch das Folgerungszeichen »⊢« einsetzen. Entsprechendes gilt auch für die nachfolgend dargestellten Schlussformen von Klug.

Diese Formel teilt das Schicksal mit der klassischen Formel, nicht allgemeingültig zu sein.

Für den weiteren Gedankengang überträgt *Klug* den prädikatenlogischen Ausdruck nunmehr in die Sprache der Mengenlehre[192]: Wenn α die Klasse derjenigen x bezeichnet, die die Eigenschaft S haben, β die Klasse derjenigen x, die die Eigenschaft N bzw. »M-ähnlich« aufweisen, γ die Klasse derjenigen x, die sich durch die Eigenschaft M auszeichnen, δ die Klasse derjenigen x, denen die Eigenschaft P zukommt, und das Zeichen »C« die Bedeutung »... ist Teilklasse von ...« hat, dann lässt sich die prädikatenlogische Formel mengentheoretisch wie folgt wiedergeben:

$$[(\alpha \mathrel{C} \beta) \wedge (\gamma \mathrel{C} \delta)] \rightarrow (\alpha \mathrel{C} \delta)$$

Dabei handelt es sich zwar lediglich um eine andere Symbolik, doch gibt diese neue Schreibweise nach *Klug* entscheidende Anregungen zum Auffinden des richtigen Lösungsweges. Er zieht dafür folgenden Beispielsfall heran:

Die Vorschriften der §§ 433 ff. BGB über den Kaufvertrag, die an sich nur die entgeltliche Eigentumsübertragung von Sachen regeln, werden nach gefestigter Rechtsprechung[193] im Wege der Analogie auch auf alle Verträge angewandt, die sich auf die entgeltliche Übertragung von Handelsgeschäften richten. Dies bedeutet: Alle Verträge, die sich auf die entgeltliche Übertragung von Handelsgeschäften richten, werden als Verträge angesehen, die wegen ihrer Ähnlichkeit mit Kaufverträgen ebenfalls den §§ 433 ff. BGB unterstellt werden. Sie gehören, wie *Klug* sich ausdrückt, zum *Ähnlichkeitskreis* der geregelten Sachverhalte. Darunter versteht er die Menge aller Sachverhalte, die annähernd die gleiche rechtliche Struktur aufweisen.

Gesetzt,
α bezeichnet die Klasse der Verträge, die sich auf die entgeltliche Übertragung von Handelsgeschäften richten,
β die Klasse der kaufähnlichen Verträge,
γ die Klasse der Kaufverträge und
δ die Klasse der Verträge, auf die die §§ 433 ff. BGB angewandt werden.

Dann kann man nur zu einer allgemeingültigen Formel gelangen, wenn man die Prämisse $\gamma \mathrel{C} \delta$ (»Kaufverträge sind Verträge, auf die die §§ 433 ff. BGB angewandt werden«) durch die Prämisse ersetzt, dass die Vereinigungsklasse von γ und β (symbolisiert: $\gamma \cup \beta$) der Klasse δ untergeordnet wird: $(\gamma \cup \beta) \mathrel{C} \delta$ (»Kaufverträge

---

192 Klug, a.a.O., S. 132 ff., spricht zwar nicht von Mengenlehre, sondern vom Klassenkalkül, doch sind die Begriffe »Klassen« und »Mengen« austauschbar (s. z. B. Bucher, a.a.O, S. 18)
193 RGZ 63, 57; 67, 86; 82, 155 ff.; 98, 289

und kaufähnliche Verträge sind Verträge, auf die die §§ 433 ff. BGB angewandt werden«).

Setzt man diesen Ausdruck in das Analogieschema ein, ergibt sich folgende Schlussform:

$$\{(\alpha\ C\ \beta) \wedge [(\beta \cup \gamma)\ C\ \delta]\} \rightarrow (\alpha\ C\ \delta)$$

Sie besagt: »Immer, wenn α eine Teilklasse von β ist und die Vereinigungsklasse von β und γ eine Teilklasse von δ ist, dann ist auch α eine Teilklasse von δ.« Im konkreten Einsetzungsfall heißt dies: »Wenn Verträge, die sich auf die entgeltliche Übertragung von Handelsgeschäften richten, kaufähnliche Verträge sind, und wenn kaufähnliche Verträge ebenso wie Kaufverträge unter die Vorschriften der §§ 433 ff. BGB fallen, dann gehören Verträge, die sich auf die entgeltliche Übertragung von Handelsgeschäften richten, zu den Verträgen, auf die die §§ 433 ff. BGB Anwendung finden.«

Diese Formel kann in der Tat Allgemeingültigkeit in Anspruch nehmen. Es handelt sich um den so genannten Modus Barbara, dessen Gültigkeit schon in der klassischen Logik außer Frage stand[194]:

Ob man allerdings, wie *Klug* meint, zu diesem Ergebnis nur gelangt, wenn man vom Prädikatenkalkül in die Mengenlehre wechselt, ist durchaus zweifelhaft. Die hier entwickelte Form des stringenten Analogieschlusses lässt sich nämlich ohne weiteres auch mit den Mitteln des Prädikatenkalküls ausdrücken:

$$\{\wedge x\ (Sx \rightarrow Nx) \wedge \wedge x\ [([Mx \rightarrow Px) \wedge (Nx \rightarrow Px)]\} \rightarrow \wedge x\ (Sx \rightarrow Px)$$

An die Stelle des Ausdrucks »(γ ∪ β) C δ«, der sich in die beiden Ausdrücke »γ C δ« und »β C δ« zerlegen lässt, tritt lediglich der inhaltsgleiche Ausdruck »(Mx → Px) ∧ (Nx → Px)«. »Mx ∧ Nx« kann man genauso wie die Vereinigungsmenge »γ ∪ β« als Ähnlichkeitskreis von Sachverhalten ansehen. Beide Schreibweisen dürften deshalb völlig gleichwertig sein.

Um die Ähnlichkeitsrelation, die den Grund für die Gleichbehandlung aller im Ähnlichkeitskreis enthaltenen Sachverhalte bildet, in der logischen Formel stärker zum Ausdruck zu bringen, fügt *Klug* noch folgende weitere Schritte an[195]:

Er bezeichnet die Klasse der Sachverhalte, die die gesetzlich geregelten Voraussetzungen V1, V2 … Vm erfüllen, mit dem Symbol »v1, 2 … m« und die Klasse der Sachverhalte, die die gesetzlich nicht geregelten Voraussetzungen V′1, V′2 … V′m erfüllen, mit dem Symbol »v′1, 2 … m« sowie die Klasse der Sachverhalte, die die Rechtsfolgen R1, R2 … Rn nach sich ziehen, mit dem Symbol

---

194 s. oben, S.47
195 s. Klug, a.a.O., S.134 ff.

»r1, 2 … n«. Außerdem setzt er fest, dass das Anfügen des Symbols »sim« an ein Klassenzeichen die betreffende Klasse als einen Ähnlichkeitskreis ausweist, der auf einer bestimmten Ähnlichkeitsrelation basiert. Dann lässt sich die Übertragung der Rechtsfolgen R1, R2 … Rn von den gesetzlich festgelegten Voraussetzungen V1, V2 … Vm auf die gesetzlich nicht geregelten Voraussetzungen $V'1$, $V'2$ … $V'm$ wegen der Ähnlichkeit beider Voraussetzungsklassen in nachstehender allgemeingültiger Formel darstellen:

$$[(v'1, 2 \ldots m \; C \; v1, 2 \ldots m/sim) \land (v1, 2 \ldots m/sim \; C \; r1, 2 \ldots n)] \rightarrow$$
$$(v'1, 2 \ldots m \; C \; r1, 2 \ldots n)$$

Die Formel bedeutet: »Immer, wenn die gesetzlich nicht geregelten Voraussetzungen $v'1, 2$ … m zum Ähnlichkeitskreis der gesetzlich geregelten Voraussetzungen v1, 2 … m/sim gehören und für den Ähnlichkeitskreis der gesetzlich geregelten Voraussetzungen v1, 2 … m/sim die Rechtsfolgen r1, 2 … n gelten, dann gelten die Rechtsfolgen r1, 2 … n auch für die gesetzlich nicht geregelten Voraussetzungen $v'1, 2$ … m.«

Die Anwendung auf den konkreten Einzelfall lässt sich dementsprechend wie folgt darstellen (wobei »∈« die Eigenschaft »… ist Element von …« ausdrückt):

$$[(x \in v'1, 2 \ldots m)) \land (v'1, 2 \ldots m \; C \; v1, 2 \ldots m/sim) \land (v1, 2 \ldots m/sim \; C \; r1, 2 \ldots n)]$$
$$\rightarrow (x \in r1, 2 \ldots n)$$

Das heißt: »Immer, wenn der Sachverhalt x die Voraussetzungen $v'1, 2$ … m erfüllt und diese Voraussetzungen zum Ähnlichkeitskreis der Voraussetzungen v1, 2 … n/sim gehören und für diese wiederum die Rechtsfolgen r1 2 … n gelten, dann gelten diese Rechtsfolgen auch für x.«

Diese letzten beiden Schritte stellen – vor allem durch die gewählte Terminologie – den Zusammenhang des Analogieverfahrens mit der Rechtsfortbildung deutlich heraus. Sie führen aber letztlich nicht entscheidend über die Grundformel hinaus. Streng genommen, geht es immer um dieselbe logische Operation: Eine Klasse von (ungeregelten) Sachverhalten wird einer anderen Klasse von Sachverhalten (der Vereinigungsmenge bzw. dem Ähnlichkeitskreis) untergeordnet und fällt dadurch unter dieselbe Klasse von Rechtsfolgen wie diese andere Sachverhaltsklasse. Mit anderen Worten: Zwei Begriffe werden durch einen gemeinsamen Mittelbegriff miteinander verbunden.

Entscheidend ist daher, wie die von *Klug* entwickelte Grundformel aus logischer und juristischer Sicht zu beurteilen ist.

Hervorzuheben ist zunächst, dass es sich, wie oben dargelegt, um eine *gültige* Schlussform handelt (unabhängig davon, ob man sich an die prädikatenlogische oder an die mengentheoretische Schreibweise hält). Darin unterscheidet sie sich von allen vorangegangenen Lösungsansätzen, die allenfalls zu einer für die juristische Argumentation unbrauchbaren Wahrscheinlichkeitsaussage führen.

Problematisch ist indes, ob die vorgeschlagene Formel die juristische Fragestellung der Analogie auch angemessen widerspiegelt.

Klug weist selbst darauf hin, dass bei seiner Konstruktion die Übertragung der Rechtsfolgen von den geregelten auf die ungeregelten Sachverhalte bereits ausdrücklich in den Prämissen enthalten ist und nicht erst in der Konklusion vollzogen wird[196]. Sein Schluss zeigt nicht, wie man den Anwendungsbereich rechtlicher Regelungen über ihren Tatbestand hinaus auf rechtsähnliche Sachverhalte erstreckt. Er zeigt vielmehr nur, wie man aus der Annahme der Rechtsähnlichkeit und der Erstreckung gesetzlicher Regelungen auf rechtsähnliche Fälle darauf schließen kann, dass für bestimmte rechtsähnliche Fälle die gesetzlichen Rechtsfolgen gelten. Der Nachweis, dass sich die Rechtsfolgen tatsächlich auf alle Sachverhalte des Ähnlichkeitskreises erstrecken (dass die entsprechende Prämisse also wahr ist), muss außerhalb des logischen Schlussverfahrens erfolgen.

Klug schlägt daher vor, seine Formel nicht als »Analogieschluss« im engeren Sinne zu bezeichnen, sondern diesen Begriff dem gesamten juristischen Analogieverfahren vorzubehalten, das die Bildung des Ähnlichkeitskreises mit einschließt. Den von ihm entwickelten Schluss versteht er lediglich als den das Analogieverfahren *beendenden* Schluss, der die ganze Untersuchung in einer Art Resümé zusammenfasst.[197]

Damit hat *Klug* aber die entscheidende Kritik, die seinem Lösungsansatz entgegenzuhalten ist, bereits selbst formuliert. Die Kernfrage, die der Analogieschluss beantworten soll, lautet: Wie kann man aus der Behandlung geregelter Fälle auf die Behandlung ungeregelter Fälle schließen? Welche Prämissen müssen erfüllt sein, damit man eine Rechtsfolge, die an einen bestimmten Tatbestand geknüpft ist, auf andere Fälle erstrecken kann, die von diesem Tatbestand nicht erfasst sind?

Diese Kernfrage wird bei der von *Klug* vorgeschlagenen Formel gerade nicht beantwortet, sondern bereits als gelöst vorausgesetzt. Genauer gesagt: Sie soll im Vorfeld des logischen Verfahrens mit außerlogischen Mitteln gelöst werden. *Klug* spricht insoweit von teleologischen Gesichtspunkten, die zur Bildung eines Ähnlichkeitskreises führen sollen[198]. Für diese teleologischen bzw. rechtspoliti-

---

196 s. Klug, a.a.O., S. 134
197 ebenda
198 s. Klug, a.a.O., S. 136

schen Argumente stehen seiner Meinung nach keine formallogischen Verfahren mehr zur Verfügung.[199]

Es überrascht daher nicht, wenn seine Kritiker ihm entgegenhalten, dass sein Formalisierungsversuch nur eine für den Juristen ungewohnte logische Terminologie einführt, aber letztlich wenig Gewinn für den Juristen einbringt. Seine logische Konstruktion gibt keine Gründe für eine Übertragung der Rechtsfolge auf ungeregelte Fälle an. Sie zeichnet keinen Argumentationsverlauf nach, den man zur Rechtfertigung einer Analogie verwenden kann, sondern verschiebt nur die eigentliche juristische, nämlich teleologisch-rechtspolitische Arbeit in entfernte – außerlogische – Operationsschritte[200].

Erschwerend kommt noch hinzu, dass er für die erforderliche Arbeit im außerlogischen Bereich kein anderes Kriterium nennt, das die Übertragung der Rechtsfolge begründen soll, als die *Ähnlichkeit* der geregelten und der ungeregelten Sachverhalte. Damit verfängt er sich letztlich in derselben Problematik wie schon der Wahrscheinlichkeitsschluss auf dem Boden der aristotelisch-scholastischen Logik: Ähnlichkeit bedeutet lediglich überwiegende Gleichheit und geringfügige Ungleichheit. Schon die geringste Ungleichheit kann jedoch eine Ungleichbehandlung von Sachverhalten erfordern, so dass Ähnlichkeit kein ausreichender Grund für eine Analogie ist.

Die mengentheoretische bzw. prädikatenlogische Formel von *Klug* kann daher nicht als geeignete Darstellung des juristischen Analogieschlusses angesehen werden. Die logische Gültigkeit seiner Schlussform ist mit einer geringen Relevanz für die juristische Problematik erkauft.[201]

---

199 s. auch die Kritik von Bund, a.a.O., S. 186, derzufolge der Analogieschluss von Klug mit der deduktiv nicht beweisbaren, sondern auf Induktion und Wertung beruhenden Zusammenfassung von α und β zum Ähnlichkeitskreis γ stehe und falle.
200 so vor allem Wagner/Haag, a.a.O., S. 28 ff. (30)
201 Zutreffend fasst Larenz, a.a.O., S. 367, die logischen Ausarbeitungen von Klug zum Analogieschluss in den einen Satz zusammen: »Er erkennt an, dass die teleologischen Kriterien entscheidend sind.«

1.5.   Rekonstruktion auf dem Boden der deontischen Logik[202]

1.5.1.   Vorbemerkung

Fragen der deontischen Logik, auch normative Logik oder Normenlogik genannt, wurden schon von den Logikern des Mittelalters thematisiert, z. B. von *Anselm von Canterbury*, und von *Leibnitz*. Mit den Mitteln der modernen Logik hat als erster *Mally*[203] 1926 ein System der deontischen Logik entwickelt, das aber wegen gravierender formaler Mängel und offenkundiger Absurditäten starker Kritik unterzogen wurde. Hinzu kam eine grundsätzliche Skepsis gegenüber der Möglichkeit einer Normenlogik, denn der damals vorherrschende metaethische Nonkognitivismus war der Überzeugung, dass normative Sätze nicht wahr oder falsch sein können. Erst *v. Wright*[204] gelang es 1953, ein Axiomensystem der deontischen Logik vorzulegen, das große Anerkennung fand. Seine Ansätze wurden zum heute so genannten Standardsystem der deontischen Logik ausgebaut.

Gleichwohl sind die Grundlagen der deontischen Logik nach wie vor heftig umstritten[205]. Es ist nicht absehbar, ob sie jemals zu einem mit der Aussagen- und der Prädikatenlogik vergleichbaren System gesicherter Erkenntnisse heranreifen wird.[206] Weitgehende Einigkeit besteht jedoch inzwischen insoweit, als man Normen keine Wahrheitswerte zuordnen muss, um sie für logische Operationen

---

202 Das Wort »deontisch« ist vom griechischen Wort »dein« (»zwingen«, »sollen«) bzw. »déontos« (»das Nötige«) abgeleitet. Schon Ernst Mally hat in seiner 1926 verfassten Schrift »Grundgesetze des Sollens. Elemente der Logik des Willens« seine Sollenslogik, die wegen ihrer absurden Konsequenzen allgemein auf Ablehnung stieß, »Deontik« genannt. Endgültig durchgesetzt hat sich der Begriff »deontische Logik« seit dem gleichnamigen, bahnbrechenden Aufsatz von H. von Wright aus dem Jahr 1951, der damit den Grundstein für das heute so genannte Standardsystem der deontischen Logik gelegt hat. Einen kurzen Überblick über die Geschichte der deontischen Logik gibt z. B. Morscher,Edgar, Deontische Logik, in: Düwell, Marens/Hübenthal, Christoph/Werner, Micha H. (Hrsg.), Handbuch Ethik, 2. Auflage 2006, S. 319–325.

203 s. Fußnote 270

204 s. Fußnote 270

205 Von Anfang an wurde der deontischen Logik vorgeworfen, mit Paradoxien verbunden zu sein. Am bekanntesten ist die Ross'sche Paradoxie der abgeleiteten Verpflichtung: Ross wählt für das Theorem »Wenn es geboten ist, p zu tun, dann ist es auch geboten, p oder q zu tun« die Einsetzungsinstanz: »Wenn du den Brief zur Post bringen sollst, dann sollst du ihn auch zur Post bringen oder verbrennen« (s. hierzu Morscher, a.a.O., S.319 ff.). V. Wright hat versucht, dieser Paradoxie die Schärfe zu nehmen, indem er gezeigt hat, dass die Gebote p und q hier nicht äquivalent sind, weil das Absenden des Briefes gerade voraussetzt, dass man ihn nicht verbrennt, also das Gebot p gerade die Verneinung des Gebots q erfordert, so dass es sich hier um ein ausschließendes »oder« handelt (v. Wright, Gibt es eine Logik der Normen?, in: ders.: Normen, Werte und Handlungen, 1994).

206 Skeptisch äußert sich insoweit z. B. Bund, a.a.O., S. 147

geeignet zu machen. Man kann ihnen stattdessen so genannte Gültigkeitswerte zuordnen, die sich ähnlich behandeln lassen wie die Wahrheitswerte[207].

Unter einer gültigen Norm versteht man, dass sie in einer angenommenen Welt *als Regelung* besteht, also von den in dieser Welt handelnden Menschen zu beachten ist, und unter einer ungültigen, dass sie in der angenommenen Welt nicht zu beachten ist.[208] Aus der Gültigkeit bestimmter Normen kann man dann auf die Gültigkeit (versteckt) darin enthaltener Normen und auf die Ungültigkeit widersprechender Normen folgern. Dabei bedeutet der Begriff »Widerspruch« im Zusammenhang mit Normen, dass man nicht ein und dieselbe Handlung gleichzeitig gebieten und untersagen kann, wenn man als vernünftig gelten will – ähnlich wie man nicht ein und dieselbe Behauptung gleichzeitig aufstellen und bestreiten kann, wenn man überhaupt etwas aussagen will. Wer eine bestimmte Handlung gebietet, muss auch die damit notwendig verbundenen Teilhandlungen gebieten und die entgegengesetzten Handlungen verbieten. Diese normative Schlüssigkeit ist das Gegenstück zur logischen Wahrheit bei den Aussagesätzen[209].

1.5.2. Grundzüge der deontischen Logik

Bei einer kalkülmäßigen Darstellung der deontischen Logik werden in der Regel drei Operatoren eingeführt:

– der Obligator bzw. Gebotsoperator »*O*« mit der Bedeutung »Es ist geboten, dass ...«,
– der Vetator oder Verbotsoperator »*V*« mit der Bedeutung »Es ist verboten, dass ...« und
– der Permissor oder Erlaubnisoperator »*P*« mit der Bedeutung »Es ist erlaubt, dass ...«.

Diese Operatoren beziehen sich auf Sätze, die menschliche Handlungen ausdrücken. Wenn z. B. das Symbol »*p*« für den Satz »Eine verjährte Forderung wird

---

207 Viele Logiker gebrauchen heute gar nicht mehr die Ausdrücke »wahr«, »falsch«, »gültig« oder »ungültig«, sondern verwenden die neutralen Zeichen »+« und »−«. Dies ändert aber nichts an den zum Teil weit gehenden Unterschieden der Begriffspaare »wahr/falsch« und »ungültig/gültig« und deren Auswirkungen auf die jeweiligen logischen Systeme.
208 Die »Mögliche-Welten-Semantik«, die Kanger und Kripke entwickelt haben und die den verwendeten Sätzen nicht Wahrheits- und Gültigkeitswerte an sich zuschreibt, sondern nur unter den gegebenen Umständen in einer bestimmten Welt, ist zwar nicht zwingend für das Standardsystem der deontischen Logik und auch nicht unumstritten, aber wohl die am weitesten verbreitete Semantik für modallogische Systeme, zu denen auch die deontische Logik gehört (s. Morscher, a.a.O., S. 319 ff.).
209 s. v. Wright, a.a.O., S. 63 f.

beglichen« steht, dann bedeutet *Op*: »Es ist geboten, eine verjährte Forderung zu begleichen.« Entsprechend bedeutet dann *Vp*: »Es ist verboten, eine verjährte Forderung zu begleichen« und *Pp*: »Es ist erlaubt, eine verjährte Forderung zu begleichen.«

Die Negation eines Handlungssatzes wird als Unterlassung verstanden. $O \neg p$ bedeutet demnach:» Es ist geboten, eine verjährte Forderung nicht zu begleichen.«

Bisweilen wird noch ein vierter Operator verwendet, der so genannte Indifferentor (*I*), der besagt, dass eine Handlung weder geboten noch verboten, also indifferent ist. Dies lässt sich aber auch mit den anderen Operatoren ausdrücken:

$$\neg Op \wedge \neg Vp.$$

Die Indifferenz *Ip* ist nicht zu verwechseln mit der Erlaubnis *Pp*. Nur in einem lückenlosen Normensystem, in dem jede denkbare Handlung entweder geboten, verboten oder erlaubt ist, kann man aus dem Nichtvorliegen eines Verbotes auf das Vorliegen einer Erlaubnis schließen[210]. Nur in einem solchen System gilt die Äquivalenz: Was nicht verboten ist, ist auch erlaubt: $\neg Vp \leftrightarrow Pp$[211]

Ähnlich wie der Indifferentor lassen sich auch der Obligator und der Vetator mit Hilfe der Negation wechselseitig definieren. Dem Gebot einer Handlung entspricht das Verbot der Unterlassung, und dem Verbot einer Handlung das Gebot der Unterlassung:

$$Op \leftrightarrow V\neg p$$
$$Vp \leftrightarrow O\neg p.$$

Darüber hinaus stehen die Operatoren in bestimmten Implikationsbeziehungen zueinander:

$Op \rightarrow Pp$ (Wenn etwas geboten ist, dann ist es auch erlaubt)
$Op \rightarrow \neg Vp$ (Wenn etwas geboten ist, dann ist es nicht verboten)

Diese Implikationsverhältnisse sind allerdings nicht umkehrbar: Was erlaubt ist, muss nicht geboten sein, und was nicht verboten ist, muss ebenfalls nicht geboten sein, da es auch erlaubt oder indifferent sein kann.

Wenn man, wie gerade geschehen, aussagenlogische Junktoren in die deontische Logik einbezieht, kann man zwischen normativen Sätzen wahrheits- bzw.

---

210 s. v. Wright, a.a.O., S. 74 ff.
211 Ob eine solche Lückenlosigkeit in jeder Rechtsordnung besteht oder zumindest postuliert
       werden muss, wie z. B. Bund, a.a.O., S. 142, annimmt, kann hier dahin gestellt bleiben.

gültigkeitsfunktionale Beziehungen herstellen und viele der aussagenlogischen Gesetze auf die deontische Logik übertragen.

Beispiele:

$O(p \wedge q) \leftrightarrow (Op \wedge Oq)$

Auch in der deontischen Logik gilt das Gesetz der Distribution. Danach wird ein Satz, der aus der Verknüpfung zweier Teilsätze besteht (was in der Regel durch eine Klammer angezeigt wird), so mit einem weiteren Satz verknüpft (der außerhalb der Klammer steht), dass beide Teilsätze der untergeordneten Verknüpfung mit dem weiteren Satz verknüpft werden: Wenn es geboten ist, *p* und *q* zu tun, dann ist es sowohl geboten, *p* zu tun, als auch geboten, *q* zu tun. Das Gebot, Mietzins zu entrichten und Schönheitsreparaturen durchzuführen, kann in die beiden separaten Gebote zerlegt werden, erstens Mietzins zu entrichten und zweitens Schönheitsreparaturen durchzuführen.

Das distributive Gesetz gilt bei der Obligation auch hinsichtlich der Implikation:

$O(p \rightarrow q) \rightarrow (Op \rightarrow Oq)$

Wenn es ein Gebot gibt (*O*), demzufolge man die Wahrheit sagen muss (*q*), falls man als Zeuge vor Gericht auszusagen hat (*p*), dann gilt: *Wenn* man verpflichtet ist, als Zeuge vor Gericht auszusagen (*Op*), *dann* muss man auch die Wahrheit sagen (*Oq*). Die Umkehrung ist dagegen nicht zugelassen: Aus dem *bedingten* Gebot $Op \rightarrow Oq$ folgt nicht das *unbedingte* Gebot $O(p \rightarrow q)$. Dies ist leicht daran zu erkennen, dass die Annahme, es gebe keine (gesetzlich angeordnete) Zeugenpflicht (*Op* sei ungültig), an der Gültigkeit der Aussage $Op \rightarrow Oq$ nichts ändert, während der Satz $O(p \rightarrow q)$ ungültig wird, da er behauptet[212], es gebe die (gesetzlich angeordnete) Pflicht, die Wahrheit zu sagen, wenn man als Zeuge aussagen muss. $O(p \rightarrow q)$ impliziert also $Op \rightarrow Oq$, ist aber nicht äquivalent damit. Anders ausgedrückt: $Op \rightarrow Oq$ ist immer wahr, wenn $O(p \rightarrow q)$ wahr ist, aber $O(p \rightarrow q)$ ist nicht immer wahr, wenn $Op \rightarrow Oq$ wahr ist.

Das Distributionsgesetz kann auch umgekehrt angewandt werden. So gilt es etwa bei konjugierten Verboten hinsichtlich der Disjunktion:

$Vp \wedge Vq \rightarrow V(p \vee q)$

Immer, wenn sowohl *p* als auch *q* verboten sind, ist es auch verboten, *p* oder *q* zu tun.

---

212 s. hierzu auch die Ausführungen von Bund, a.a.O., S. 143

Dementsprechend gilt das Distributionsgesetz bei disjungierten Verboten hinsichtlich der Konjunktion:

$$Vp \vee Vq \rightarrow V(p \wedge q)$$

Wenn es verboten ist, p zu tun, oder verboten ist, q zu tun, dann ist es auch verboten, sowohl p als auch q zu tun. Dieses Verhältnis ist aber wiederum nicht umkehrbar, weil man aus dem Verbot, sowohl p als auch q zu tun (etwa gleichzeitig zu tanken und zu rauchen), nicht auf die voneinander unabhängigen Verbote, p zu tun oder q zu tun (zu tanken oder zu rauchen) schließen kann[213].

Für die Distribution der disjungierten Permission gilt:

$$P(p \vee q) \leftrightarrow Pp \vee Pq,$$

während die Distribution der konjugierten Permission wiederum nicht äquivalent ist:

$$P(p \wedge q) \rightarrow Pp \wedge Pq,$$

weil etwa das Tanken (p) und das Rauchen (q) jeweils für sich genommen erlaubt, zusammen aber verboten sein können[214].

Im Einzelnen ist in der deontischen Logik noch vieles umstritten.

Dies gilt auch für die Darstellung bedingter Normen. Derartige Normen sind gerade dem Juristen sehr vertraut, da die Rechtsvorschriften, mit denen er arbeitet, in der Regel aus einem Tatbestand (der Bedingung) und einer Rechtsfolge (einem daran anknüpfenden Gebot, Verbot oder einer Erlaubnis) zusammengesetzt sind.

Unklar ist indes, wie sich bedingte Normen in der Sprache der deontischen Logik ausdrücken lassen. Grundsätzlich bieten sich zwei Formulierungsmöglichkeiten an:

- $O(p \rightarrow q)$[215]
- $p \rightarrow Oq.$[216]

Beide Formulierungen lassen sich bei geschickt ausgewählten Beispielen – bei so genannten Wiedergutmachungsimperativen (contrary-to-duty-imperative), die

---

213 Das Beispiel stammt von Bund, a.a.O., S. 144.

214 s. ebenfalls Bund, a.a.O., S. 144

215 Diese Formulierung verwendet z. B. der Begründer des Standardsystems der deontischen Logik, v. Wright, Bedingungsnormen – ein Prüfstein für die Normenlogik, in: ders.: Normen, Werte und Handlungen, S. 49,

216 Diese Formulierung hält z. B. Bund, a.a.O., S. 145, die Formel $p \rightarrow Oq$ für vorzugswürdig.

angeben, was zu tun ist, wenn eine Pflicht verletzt worden ist – in Paradoxien verwickeln, wie *Chisholm*[217] gezeigt hat.

Sieht man allerdings von der Sonderproblematik der Wiedergutmachungs-imperative ab, dürfte die Schreibweise $p \rightarrow Oq$ vorteilhafter sein. Sie vermeidet die bei der Schreibweise $O(p \rightarrow q)$ nahe liegende Verwechselung mit der Aussage

$Op \rightarrow Oq$ (Wenn p geboten ist, dann ist q geboten).

1.5.3. *Koch/Rüßmanns* Formulierungsvorschlag für die Analogie

Auf den ersten Blick scheint die deontische Logik wie geschaffen für einen Ge-brauch in der Jurisprudenz zu sein[218], da sie sich mit den logischen Beziehungen von Normen befasst. Andererseits ist es fraglich, ob sie dafür schon genügend ausgereift ist. Noch immer scheiden sich an ihr die Meinungen der Logiker. Dies

---

217 Chisholm, Roderick Milton, Contrary-to-Duty Imperatives and Deontic Logic, Analysis 24 (1963), S. 33 ff., geht von folgender umgangssprachlichen Satzfolge aus:
1. Ein bestimmter Mensch soll seinem Nachbarn zu Hilfe kommen.
2. Wenn er seinem Nachbarn zu Hilfe kommt, soll er ankündigen, dass er ihm zu Hilfe kommt.
3. Wenn er ihm nicht zu Hilfe kommt, soll er auch nicht ankündigen, dass er ihm zu Hilfe kommt.
4. Er kommt seinem Nachbarn nicht zu Hilfe.
Diese umgangssprachlichen Sätze scheinen voneinander unabhängig (nicht aufeinander rückführbar) und nicht widersprüchlich zu sein. Darüber hinaus scheint man aus ihnen ableiten zu können, der Mensch solle nicht ankündigen, dass er seinem Nachbarn zu Hilfe kommt.
In formalisierter Sprache erhalten die Sätze folgende Gestalt:
$1'$. Op
$2'$. $O(p \rightarrow q)$ bzw. $p \rightarrow Oq$
$3'$. $\neg p \rightarrow O\neg q$
$4'$. $\neg p$
Legt man in Satz $2'$ das Schema $O(p \rightarrow q)$ zu Grunde, lässt sich daraus in Verbindung mit Satz $1'$ der Satz Oq ableiten. Demgegenüber kann man aus den Sätzen $3'$ und $4'$ auf $O\neg q$ folgern. Beide Ableitungen zusammen genommen ergeben somit den in sich widersprüchlichen Satz $O(q \wedge \neg q)$, der nicht mit dem umgangssprachlichen Eindruck der Widerspruchslosig-keit übereinstimmt.
Geht man dagegen in Satz $2'$ von der Formel $p \rightarrow Oq$ aus, so ergibt sich dieser Satz als Im-plikat aus Satz $4'$, weil die Verneinung eines Satzes (hier $\neg p$) jede beliebige Satzkombination impliziert, und dies steht nicht im Einklang mit der augenscheinlichen Unabhängigkeit der umgangssprachlichen Sätze. Viele Logiker (z. B. Morscher, a.a.O., S. 319 ff.) versuchen, den von Chisholm aufgezeigten Schwierigkeiten dadurch aus dem Wege zu gehen, dass sie so genannte dyadische Systeme der deontischen Logik entwickeln, in denen zweistellige (dya-dische) Gebots-, Verbots- und Erlaubnisoperatoren verwendet werden. $O(q / p)$ steht dann in solchen Systemen für ein bedingtes Gebot mit der Bedeutung, dass q geboten ist unter der Voraussetzung p. Ein unbedingtes Gebot (Oq) ist in dieser Sprache wie folgt darzustellen: $O(q / p \vee \neg p)$.
218 Es gibt allerdings auch einige Autoren, die einem deontischen Kalkül jeden eigenständigen Wert absprechen, s. z. B. Bund, a.a.O., S. 147 ff.

mag erklären, warum es bisher nur vereinzelte Versuche gibt, sie für die Lösung juristischer Probleme heranzuziehen.

Zu den wenigen Autoren, die zur Darstellung der besonderen juristischen Schlussformen auf die deontische Logik zurückgreifen, gehören insbesondere *Koch/Rüßmann*[219]. Sie geben dem Analogieschluss folgende Form:

1. Ox
2. Sxy
3. $(Ox \wedge Sxy) \rightarrow Oy$
4. Oy

Diese Formel erläutern sie an folgendem Beispiel:

1'. Es ist geboten, Angehörige von Versicherten einer Privatversicherung vom Regress des Schadensversicherers auszunehmen (§ 67 Abs. 2 VVG).
2'. Angehörige von Versicherten einer Privatversicherung sind ebenso schutz-bedürftig wie Angehörige von Versicherten einer öffentlich-rechtlichen Ver-sicherung.
3'. Wenn es geboten ist, Angehörige von Versicherten einer Privatversicherung vom Regress des Versicherers auszunehmen, und wenn Angehörige von Ver-sicherten einer Privatversicherung genauso schutzbedürftig sind wie Ange-hörige von Versicherten einer öffentlich-rechtlichen Versicherung, dann ist es geboten, auch Angehörige von Versicherten einer öffentlich-rechtlichen Versicherung vom Regress des Versicherers auszunehmen.
4'. Es ist somit geboten, Angehörige von Versicherten einer öffentlich-recht-lichen Versicherung vom Regress des Versicherers auszunehmen.

Zum Argumentationsmuster ihrer Formel geben sie folgende Erläuterungen:

Ausgehend von der in Satz 1 angenommenen Gültigkeit des Gebots Ox, enthält Satz 2, wie sie sagen, ein Gleichsetzungsprädikat (S) und behauptet eine transi-tive, symmetrische und reflexive Relation zwischen x und y. Damit ist gemeint, dass sich alle Aussagen über x, die sich auf das Prädikat S beziehen, auf y und dessen Beziehung zu S übertragen lassen und umgekehrt, so dass x und y im Hinblick auf das Prädikat S völlig gleich gestellt sind. Dieser Relation wird dann in Satz 3 die Eigenschaft zugesprochen, die deontische Qualität, also das Gebot O von x auf y zu übertragen. In Satz 4 wird dann die Schlussfolgerung aus den Annahmen 1 bis 3 gezogen, dass das Gebot Oy gilt.

Bei dieser Konstruktion soll es sich, wie *Koch/Rüßmann*[220] behaupten, um eine *allgemeingültige* Schlussform handeln. Wenn dies zuträfe, wäre sie – wie

219 Koch/Rüßmann, a.a.O., S. 259 f.
220 Koch/Rüßmann, a.a.O., S. 260

der prädikaten- bzw. klassenlogische Lösungsansatz von *Klug* – allen probabilistischen Modellen vorzuziehen, denen es nicht gelingt, dem Analogieschluss eine konsistente Form zu geben.

An der Gültigkeit der Konstruktion erheben sich indes Zweifel.

Bei genauer Betrachtung enthält der deontische Analogieschluss nämlich strukturelle Brüche. Diese werden beim Vergleich der Formel mit dem Einsetzungsbeispiel besonders deutlich:

Bei Satz 1 steht das Symbol x im Beispielsfall für die Aussage: »Angehörige von Versicherten einer Privatversicherung sind vom Regress des Versicherers ausgenommen«. Durch Verwendung des Obligators O wird daraus ein Gebot: »Es ist geboten, x.« In Satz 2 verwandelt sich dann aber die Bedeutung von x. Es stellt gar keine Aussage mehr dar und bezeichnet auch gar keine Handlung, sondern einen Gegenstand bzw. eine Klasse von Gegenständen: Die Angehörigen von Versicherten einer Privatversicherung. Diesem Gegenstand wird nun das Prädikat S (Schutzbedürftigkeit) zugeschrieben. Gleiches geschieht mit dem (neu eingeführten) Gegenstand y, wobei mit y die Angehörigen von Versicherten einer öffentlich-rechtlichen Versicherung gemeint sind. In Satz 3 tritt x schließlich in doppelter Bedeutungen auf – im Ausdruck Ox wie in Satz 1 und im Ausdruck Sxy wie in Satz 2. Doppelte Bedeutung erhält hier auch das Symbol y: Im Ausdruck Sxy bedeutet es dasselbe wie in Satz 2, im Ausdruck Oy steht es jedoch für den Satz: »Angehörige von Versicherten einer öffentlich-rechtlichen Versicherung sind vom Regress des Versicherers ausgenommen«.

Als allgemeingültiges Schlussschema kann diese Konstruktion daher nicht angesehen werden.

Ob man die aufgezeigten strukturellen Brüche durch bestimmte Umformulierungen vermeiden kann, ist fraglich, weil sich der Gebotsoperator in der Regel nur mit ganzen Sätzen verbinden kann, die Übertragung des Gebotsoperators von einem Satz auf den anderen hier aber wesentlich auf der Zuschreibung desselben Prädikats beruht, Prädikate indes nicht ganzen Sätzen, sondern nur Gegenständen oder Gegenstandsklassen zugeordnet werden können.

Selbst wenn es gelänge, dem Schluss eine logisch korrekte Struktur zu geben, bliebe noch eine andere, genauso wichtige Frage zu beantworten, nämlich ob sich die vorgeschlagene Formel als Argumentationsschema für die juristische Analogie eignet. Dann müsste sie zumindest bestimmte Prämissen angeben, von deren Erfüllung die Gleichbehandlung des ungeregelten mit dem geregelten Sachverhalt abhängt.

Dies scheint auf den ersten Blick hin der Fall zu sein. Es sieht so aus, als werde durch Satz 2 eine Gleichheit zwischen x und y hergestellt, die der Grund dafür ist, dass dann im Satz 3 der Gebotsoperator vom Sachverhalt x auf den Sachverhalt y übertragen wird.

Dieser Schein trügt jedoch. Er beruht nur auf einer suggestiven Formulierung dieser beiden Sätze. Tatsächlich ist es für die Übertragung des Gebotsoperators in Satz 3 völlig unerheblich, ob x und y in Satz 2 irgendein gemeinsames Prädikat zugesprochen wird oder nicht. Vielmehr kann hier jede beliebige Aussage stehen, also auch eine Behauptung, die sich nur auf y, nicht aber auf x bezieht (im Beispielsfall vielleicht die Eigenschaft, versicherungspflichtig [P] zu sein). Entscheidend ist nur, dass Satz 2 in Satz 3 zu einer Bedingung für die Übertragung des Gebots gemacht wird:

1. Ox
2. Py
3. $(Ox \wedge Py) \rightarrow Oy$

---

4. Oy

In Wahrheit wird hier also gar nicht aus einer Gemeinsamkeit von x und y auf eine Gleichbehandlung der beiden Sachverhalte gefolgert, sondern die Übertragung des Gebotsoperators von x auf y von *irgendeiner* Bedingung abhängig gemacht. In welchem Verhältnis diese Bedingung zum Ausgangsgebot steht, bleibt völlig ungeklärt.

Ein solches Argumentationsschema dürfte in der juristischen Diskussion kaum von großem Nutzen sein. Hier wird nicht aus einer bestimmten Struktur der geregelten Situation gefolgert, dass in einer ungeregelten Situation mit gleicher Struktur das gleiche Gebot gelten muss, sondern nur die Behauptung aufgestellt, dass unter bestimmten Bedingungen auch in einer ungeregelten Situation das gleiche Gebot gilt wie in einer geregelten. Von welcher Art diese Bedingungen sind, wird allerdings nicht gesagt.[221]

Genau dies ist aber das Hauptproblem des Juristen im Rahmen der Rechtsfortbildung: Er sieht sich mit der Schwierigkeit konfrontiert zu begründen, warum er einen Sachverhalt, der vom gesetzlichen Tatbestand abweicht, trotz dieser Abweichung mit der gesetzlichen Rechtsfolge verknüpfen darf, und darzulegen, dass dies vom Normzweck gedeckt, also »irgendwie« in der gesetzlichen Regelung mit »angelegt« ist. Insoweit ist es unerheblich, ob es *irgendwelche* rechtspolitischen Erwägungen gibt, die dafür sprechen, die Sachverhalte x und y mit derselben deontischen Qualität zu verbinden. Es kommt vielmehr darauf an, dass dieselben rechtspolitischen Erwägungen, die zum Aufstellen des Gebots Ox geführt haben, auch zur Aufstellung des Gebots Oy hätten führen müssen.

Zur Lösung dieser für die Analogie als Mittel der Rechtsfortbildung entscheidenden Problematik trägt der von *Koch/Rüßmann* vorgeschlagene deontische Analogieschluss nichts bei.

---

221 vgl. auch die Kritik von Neumann, a.a.O., S. 27 f.

1.6. Rekonstruktion eines gültigen und der juristischen Problematik angemessenen Analogieschlusses

1.6.1. Bilanz der bisherigen Lösungsansätze

Die bisher behandelten Versuche zur formallogischen Darstellung des juristischen Analogieschlusses können allesamt nicht zufrieden stellen. Entweder handelt es sich um ungültige Schlüsse, die allenfalls – juristisch irrelevante – Wahrscheinlichkeitsaussagen zulassen, oder es handelt sich um logisch korrekte Schlüsse, die aber keine Lösung für die besondere Problematik der Analogiebildung bei der Rechtsfortbildung bieten. Die einen greifen bei ihrer Prämissenbildung zu kurz, so dass die analoge Behandlung ähnlicher Fälle nicht schlüssig abgeleitet werden kann. Die anderen gehen bei ihrer Prämissenbildung zu weit, indem sie bereits voraussetzen, was erst zu beweisen ist, nämlich dass ähnliche Fälle analog zu behandeln sind, ohne darüber Auskunft zu geben, nach welchen Kriterien die Ähnlichkeit zu bestimmen ist und wie weit sie reichen muss, um die Analogie zu rechtfertigen. Aus solchen logischen Rekonstruktionen vermag die Jurisprudenz nur geringen Nutzen zu ziehen.

Der hauptsächliche Mangel der bisherigen Lösungsversuche besteht darin, dass sie nicht auf die besondere Situation eingehen, in der sich der Rechtsanwender bei der Analogiebildung im Rahmen der Rechtsfortbildung befindet: Der Rechtsanwender muss *begründen* können, dass die für eine bestimmte Sachverhaltsgestaltung vorgesehene Norm auf eine andere Sachverhaltsgestaltung übertragen werden kann, und für diese Begründung muss er die Werte, Ziele und Grundsätze anführen können, die sich in der fraglichen Norm widerspiegeln. Mit anderen Worten: Er muss einen Übertragungsgrund angeben, der sich aus dem Regelungszweck der vorhandenen Norm ergibt. In dieser entscheidenden Frage helfen die oben dargestellten Analogiemodelle nicht weiter. Die Wahrscheinlichkeitsschlüsse weisen keinen zureichenden Grund für die Übertragung auf, und die gültigen Schlüsse leiten den Übertragungsgrund nicht aus der vorhandenen Regelung ab.

1.6.2. Erarbeitung eines neuen Lösungsansatzes

Im Folgenden soll der Versuch unternommen werden, einen neuen Lösungsansatz zu finden. Auszugehen ist dabei von den Anforderungen, die an einen logisch korrekten und juristisch relevanten Analogieschluss zu stellen sind:

– Entscheidend ist, dass der Analogieschluss die Gründe (die Bedingungen) explizit macht, die vorliegen müssen, damit die Rechtsfolge einer Norm auf einen Sachverhalt übertragen werden kann, der den Tatbestand der Norm nicht erfüllt.

– Um einen solchen Schluss zu ermöglichen, müssen Prämissen eingeführt werden, die zwei Voraussetzungen erfüllen: Sie müssen eine Gemeinsamkeit benennen, die der nicht geregelte Fall mit den geregelten Fällen aufweist, und sie müssen zeigen, dass gerade das, was die Fälle gemeinsam haben, bei den geregelten der ausschlaggebende Grund für die in der Norm vorgesehene Rechtsfolge ist. Dann kann man aus der Gemeinsamkeit darauf schließen, dass auch beim ungeregelten Fall der Eintritt der gleichen Rechtsfolge begründet ist.

– Fraglich ist, welche Gemeinsamkeit die Gleichbehandlung des ungeregelten Falls mit den geregelten zu legitimieren vermag. Die Sachverhaltsähnlichkeit – also die weit gehende Übereinstimmung der Sachverhaltsmerkmale des ungeregelten Falles mit den Tatbestandsmerkmalen der Norm – scheidet jedenfalls als die gesuchte Gemeinsamkeit aus. Das haben die vorangegangenen Erörterungen gezeigt. Schon die geringste Abweichung im Sachverhalt kann eine ungleiche Behandlung der Fälle erfordern. Eine Sachverhaltsähnlichkeit mag daher unter Umständen zwar Anlass für die Aufstellung einer Gleichbehandlungshypothese sein, aber sie reicht auf keinen Fall aus, die Gleichbehandlung als berechtigt zu erweisen. Es muss folglich irgendein vermittelndes Glied zwischen Tatbestand und Rechtsfolge gefunden werden, in dem der nicht geregelte mit den geregelten Fällen übereinstimmt und auf den sich der Analogieschluss stützen kann. Die entscheidende Frage lautet: Was könnte dieses Dritte sein?

Die obigen Ausführungen zeigen bereits die Richtung an, in der eine Lösung zu suchen ist. Maßgeblich ist danach, dass im ungeregelten Fall die gleichen Gründe wie bei den geregelten Fällen für die in der Norm festgesetzte Rechtsfolge sprechen. Nur dann ist die Rechtsfolgenübertragung berechtigt. Die Gemeinsamkeit muss sich demnach auf die Argumente beziehen, die zur Begründung der Rechtsfolge angeführt werden können. Lassen sich alle Gründe, die bei den geregelten Fällen herangezogen werden, um die in der Norm vorgesehene Rechtsfolge als richtig zu erweisen, mit gleicher Stichhaltigkeit auch beim ungeregelten Fall vorbringen, dann ist erwiesen, dass auch beim ungeregelten Fall die in der Norm vorgesehene Rechtsfolge die richtige ist (falls nicht aus anderen rechtlichen Erwägungen – etwa wegen eines Analogieverbots – eine Rechtsfolgenübertragung ausgeschlossen ist).

Wann aber lassen sich in unterschiedlichen Fällen die gleichen Argumente mit gleicher Überzeugungskraft vorbringen?

Die Antwort darauf ergibt sich, wenn man zunächst nur die geregelten Fälle in den Blick nimmt. Auch diese Fälle unterscheiden sich nämlich in einer Vielzahl von Sachverhaltsmerkmalen voneinander. Jeder Fall weicht vom anderen ab, jeder hat seine Besonderheiten und Eigenheiten. Für ihre rechtliche Behandlung sind alle diese Unterschiede jedoch irrelevant. Dafür ist lediglich entscheidend, dass jeder von ihnen die in der Norm aufgeführten Tatbestandsmerkmale aufweist. Die Erfüllung dieser Tatbestandsmerkmale reicht aus, sie in rechtlicher Hinsicht gleich zu behandeln und mit der gleichen Rechtsfolge zu verknüpfen, unabhängig davon, welche Unterschiede sie im Übrigen aufweisen.

Aufgabe des Tatbestandes ist es, die rechtlich relevanten Merkmale anzugeben, die ein Sachverhalt aufweisen muss, um nach den einschlägigen Werten, Zielen und Grundsätzen der Rechtsordnung den Eintritt der in der Norm festgesetzten Rechtsfolge zu begründen. Dieser Gedanke ist auf das Verhältnis des analog zu behandelnden Falles zu den geregelten Fällen zu übertragen. Auch hier muss es für die Gleichbehandlung ausschlaggebend sein, dass der analog zu behandelnde Fall die gleichen rechtlich relevanten Merkmale aufweist wie die geregelten Fälle. Der Unterschied besteht nur darin, dass der ungeregelte Sachverhalt nicht alle Tatbestandsmerkmale der Norm erfüllt. Wenn gleichwohl die gleiche Rechtsfolge angemessen sein soll, muss man annehmen, dass der Tatbestand der Norm seine Funktion, die für den Eintritt der Rechtsfolge ausschlaggebenden Sachverhaltsmerkmale anzugeben, nur unzureichend erfüllt. Er weist Merkmale auf, an denen die Subsumtion des ungeregelten Falles scheitert, obwohl sie nicht scheitern dürfte, weil bei diesem Fall die gleichen Gründe für den Eintritt der in der Norm angegebenen Rechtsfolge sprechen wie bei den Sachverhalten, bei denen die Subsumtion gelingt. Neben den rechtlich relevanten Merkmalen enthält der Tatbestand offensichtlich auch rechtlich irrelevante Merkmale (die Merkmale, die der Subsumtion des ungeregelten Falles entgegenstehen), die für die Begründung des Eintritts der Rechtsfolge gar nicht benötigt werden. Die rechtlich relevanten Merkmale, die erfüllt sein müssen, um den Eintritt der Rechtsfolge zu begründen, machen nur eine Teilmenge der Tatbestandsmerkmale aus, und diese Teilmenge der Tatbestandsmerkmale trifft auf den ungeregelten Fall genauso zu wie auf die geregelten Fälle.

Damit ist das vermittelnde Glied, das den geregelten und den ungeregelten Fällen gemeinsam sein muss, um eine Analogie zu rechtfertigen, gefunden: Es handelt sich um die rechtlich relevanten Tatbestandsmerkmale, die nach dem Sinn und Zweck der Norm ausreichen, um die gesetzlich vorgesehene Rechtsfolge zu begründen. Diese rechtlich relevanten Tatbestandsmerkmale bilden einen bereinigten, um irrelevante Elemente gekürzten Tatbestand, dessen Anwendungsbereich weiter ist als der des ursprünglichen gesetzlichen Tatbestandes, so dass er den in Rede stehenden ungeregelten Fall mit umfasst.

Diesen Gedanken hat in jüngster Zeit *Puppe*[222] deutlich herausgearbeitet. Der ungeregelte Sachverhalt muss dem Tatbestand der Norm gerade in denjenigen Eigenschaften gleichen, die die Rechtsfolge begründen. Aus der analog anzuwendenden Norm muss ein allgemeiner ungeschriebener Rechtssatz abgeleitet werden, der auch den in Rede stehenden Fall mit umfasst. Die »Ableitung« des

---

222 Puppe, a.a.O., S. 97

allgemeinen ungeschriebenen Rechtssatzes ist, wie *Puppe*[223] zutreffend betont, allerdings keine logische Folgerung aus der speziellen Aussage der Norm. Sie bedarf der materiellen Begründung und kann nur durch Interpretation, insbesondere durch die Ermittlung des Normzwecks, verbunden mit dem Grundsatz, dass gleiche Fälle gleich zu behandeln sind, gewonnen werden.

1.6.3. Die Argumentationsschritte im Einzelnen

Der gesamte der Argumentationsverlauf bei der analogen Anwendung einer Norm lässt sich demnach wie folgt rekonstruieren:

Prämisse 1: Wenn ein Sachverhalt die Tatbestandsmerkmale der Norm aufweist, erfüllt er die Voraussetzungen für den Eintritt der in der Norm vorgesehenen Rechtsfolge.
Mit dieser Prämisse wird die in Rede stehende Norm als Implikationsverhältnis von Tatbestandserfüllung und Rechtsfolgeneintritt nachgezeichnet (Norminhalt).

Prämisse 2: Wenn sich ein Sachverhalt durch die hier gegebenen Sachverhaltselemente auszeichnet, weist er nicht die Tatbestandsmerkmale der Norm auf.
Mit dieser Prämisse wird ausgesagt, dass der gegebene Sachverhalt aus dem Anwendungsbereich der Norm herausfällt und somit nicht die Bedingung erfüllt, die nach Prämisse 1 zum Eintritt der Rechtsfolge führt (Nichtsubsumierbarkeit).

Bevor sich nach dieser Feststellung die Frage stellt, ob die in Rede stehende Norm auf den gegebenen Fall analog anzuwenden ist, müssen noch zwei weitere Voraussetzungen erfüllt sein. Zum einen darf der zu entscheidende Fall nicht unter eine andere einschlägige Norm fallen, nach der die gleiche Rechtsfolge zu verhängen oder auszuschließen ist.

Prämisse 3: Wenn sich ein Sachverhalt durch die hier gegebene Sachverhaltsmerkmale auszeichnet, weist er nicht die Tatbestandsmerkmale einer alternativen Norm auf, nach der ihm die gleiche Rechtsfolge, wie sie in der Ausgangsnorm vorgesehen ist, zu- oder abzusprechen ist.
Mit dieser Prämisse wird klargestellt, dass der zur Entscheidung anstehende Fall hinsichtlich der hier aufgeworfenen Rechtsfrage keine Regelung im Gesetz gefunden hat (Ungeregeltheit des Falles).

---

223 ebenda

Zum anderen muss die Ausgangsnorm grundsätzlich analogiefähig sein. Die Tatbestandserfüllung darf nicht – wie bei einem Analogieverbot – eine notwendige Bedingung für den Rechtsfolgeneintritt sein (Ausschluss eines Analogieverbots).

Prämisse 4: Es gilt nicht, dass ein Sachverhalt die Voraussetzungen für den Eintritt der in der Norm vorgesehenen Rechtsfolge nur dann erfüllen kann, wenn er die Tatbestandsmerkmale der Norm aufweist.

Diese ersten vier Prämissen kann man als *Anfangsbedingungen der Analogie* bezeichnen. Erst wenn sie erfüllt sind, erhebt sich die Analogiefrage im engeren Sinn, deren Beantwortung den *Kern der Argumentation* bildet, nämlich die Frage, ob der gegebene Fall nach dem Sinn und Zweck der Ausgangsnorm genauso zu behandeln ist wie die Sachverhalte, die unter den Tatbestand dieser Norm fallen.

Dies ist nur unter zwei Bedingungen möglich: Erstens darf der Tatbestand der Norm nicht alle Sachverhalte erfassen, die aus gleichen Gründen mit der gleichen Rechtsfolge zu versehen sind. Man muss annehmen, dass er mehr oder engere Tatbestandsmerkmale enthält, als für die Kennzeichnung einer Situation, in der der Eintritt der in der Norm vorgesehenen Rechtsfolge angebracht ist, tatsächlich erforderlich sind. Zweitens müssen die überflüssigen Tatbestandsmerkmale, die über das Regelungsziel der Norm hinausschießen, genau diejenigen Merkmale sein, an denen die Subsumtion des vorliegenden Falles bei Prämisse 2 gescheitert ist.

Zunächst ist daher ein neuer Tatbestand zu bilden, der sich aus allen Tatbestandsmerkmalen zusammensetzt, die der vorliegende Fall erfüllt, die Tatbestandsmerkmale aber, die sich als Subsumtionshindernisse erwiesen haben, nicht mehr enthält. Dieser neue Tatbestand umfasst alle Sachverhalte, die auch unter den ursprünglichen Tatbestand fallen, schließt aber darüber hinaus auch noch den vorliegenden Sachverhalt ein, der zur Entscheidung ansteht. Im zweiten Schritt ist dann die These aufzustellen, dass die Erfüllung der modifizierten Tatbestandsmerkmale ausreicht, um nach dem Sinn und Zweck der Norm den Eintritt der Rechtsfolge zu begründen.

Prämisse 5: Wenn ein Sachverhalt die Tatbestandsmerkmale der Norm aufweist, erfüllt er auch die Tatbestandsmerkmale, die übrig bleiben, wenn man die Subsumtionshindernisse abzieht.

Prämisse 6: Wenn ein Sachverhalt die Tatbestandsmerkmale aufweist, die übrig bleiben, wenn man die Subsumtionshindernisse abzieht, erfüllt er die Voraussetzungen für den Eintritt der in der Norm vorgesehenen Rechtsfolge.

Beide Prämissen zusammen genommen, führen zu einer Tatbestandserweiterung. Für den Eintritt der Rechtsfolge ist nicht mehr die Erfüllung des gesetzlichen Tatbestandes erforderlich. Vielmehr

reicht die Erfüllung des kupierten – um die subsumtionshindern-
den Merkmale gekürzten – Tatbestandes aus. Er enthält alle rechtlich relevanten Merkmale, die nach dem Sinn und Zweck der Norm
für den Eintritt der Rechtsfolge entscheidend sind. Somit können
auch Sachverhalte, die nicht alle im Gesetz aufgeführten, aber die
relevanten Tatbestandsmerkmale aufweisen, mit der in der Norm
vorgesehenen Rechtsfolge versehen werden. Der gesetzliche Tatbestand ist hinsichtlich seiner Funktion, Bedingung für den Eintritt
der Rechtsfolge zu sein, durch einen neuen, allgemeiner gefassten
Tatbestand ersetzt worden. In der konkreten Diskussion ist es Aufgabe der teleologischen Interpretation, darzulegen, dass der Eintritt
der Rechtsfolge nach dem Sinn und Zweck der Norm schon dann
geboten ist, wenn ein Sachverhalt die gekürzten Tatbestandsmerkmale erfüllt (Tatbestandserweiterung).

Als letztes ist noch festzustellen, dass der zu entscheidende Fall tatsächlich unter
die relevante Teilmenge der Tatbestandsmerkmale fällt (Subsumierbarkeit des
Falles).

Prämisse 7:   Wenn sich ein Sachverhalt durch die gegebenen Sachverhaltsmerk-
              male auszeichnet, weist er die Tatbestandsmerkmale auf, die übrig
              bleiben, wenn man die Subsumtionshindernisse abzieht.

Daraus ergibt sich dann die logische Konsequenz, dass im gegebenen Fall eine
analoge Anwendung der Norm gerechtfertigt ist.

Konklusion: Wenn sich ein Sachverhalt durch die gegebenen Sachverhaltsmerk-
              male auszeichnet, erfüllt er die Voraussetzungen für den Eintritt
              der in der Norm vorgesehenen Rechtsfolge.

In der Sprache der Prädikatenlogik lässt sich der Argumentationsverlauf wie
folgt nachzeichnen:

Gegeben seien die Prädikate:

SV   = Erfüllung bestimmter Sachverhaltsmerkmale
TB   = Erfüllung der Tatbestandsmerkmale der Norm
altTB   = Erfüllung der Tatbestandsmerkmale einer alternativen Norm
modTB   = Erfüllung modifizierter Tatbestandsmerkmale
RF   = Erfüllung der Voraussetzungen für den Eintritt der Rechtsfolge

Die Argumentationskette lautet dann folgendermaßen:

Es gibt einen Sachverhalt x, für den gilt:

1.	$TBx \rightarrow RFx$	(Norminhalt)
2.	$SVx \rightarrow \neg TBx$	(Nichtsubsumierbarkeit)
3.	$SVx \rightarrow \neg ([altTBx \rightarrow RFx] \wedge \neg [altTBx \rightarrow \neg RFx])$	(Ungeregeltheit)
4.	$\neg(\neg TBx \rightarrow \neg RFx)$	(kein Analogieverbot)
5.	$TBx \rightarrow modTBx$	(Tatbestands-
6.	$modTBx \rightarrow RFx$	erweiterung)
7.	$SVx \rightarrow modTBx$	(Subsumierbarkeit)
	$SVx \rightarrow RFx$	(Analogie)

Die Tatbestandserweiterung, die in den Prämissen 5 und 6 vorgenommen wird, kann grundsätzlich auf zweierlei Weise erfolgen:

- durch Elimination eines irrelevanten Merkmals aus dem gesetzlichen Tatbestand oder
- durch Substitution eines zu engen gesetzlichen Tatbestandsmerkmals durch ein anderes, umfangweiteres Merkmal.

Wenn man die Erfüllung der einzelnen Tatbestandsmerkmale mit »TB1, TB2, ..., TBn« wiedergibt, lassen sich die beiden Möglichkeiten in formaler Sprache wie folgt darstellen:

1) Elimination eines irrelevanten gesetzlichen Tatbestandsmerkmals

Gesetzlicher Tatbestand: $TB1x \wedge TB2x \wedge TB3x$
Neuer Tatbestand: $TB1x \wedge TB3x$

Diese beiden Ausdrücke können im obigen Argumentationsschema an die Stelle der Prädikate TB und modTB treten, wenn die Behauptung aufgestellt werden soll, dass die in der Norm vorgesehene Rechtsfolge auf einen Sachverhalt, der nur die Tatbestandsmerkmale TB1 und TB3 erfüllt, übertragen werden kann. In der konkreten Argumentation muss dargelegt werden, dass es für die Begründung der Rechtsfolge keinen Unterschied macht, ob ein Sachverhalt neben den Tatbestandsmerkmalen TB1 und TB3 auch das Tatbestandsmerkmal TB2 erfüllt oder nicht.

Beispiel:

Erledigt sich ein Verwaltungsakt nach Erhebung der Anfechtungsklage, so ist gem. § 113 Abs. 1 Satz 4 VwGO eine Fortsetzungsfeststellungsklage[224] zulässig, wenn der Kläger ein berechtigtes Interesse an der Feststellung hat, dass der Verwaltungsakt rechtswidrig war.

In analoger Anwendung dieser Vorschrift wird eine Fortsetzungsfeststellungsklage auch dann für zulässig erachtet, wenn sich der Verwaltungsakt schon vor Klageerhebung erledigt hat. Das Tatbestandsmerkmal »nach Klageerhebung« wird somit für überflüssig gehalten, so dass auch Fälle, die kein entsprechendes Sachverhaltsmerkmal aufweisen, in den Anwendungsbereich der Norm fallen. Dies ist zur Durchsetzung der Rechtsschutzgarantie aus Art. 19 Abs. 4 GG erforderlich. Für das berechtigte Interesse an der Feststellung, dass der Verwaltungsakt rechtswidrig war, ist es nicht entscheidend, ob sich der Verwaltungsakt schon vor oder erst nach Klageerhebung erledigt hat.

2) Substitution eines zu engen gesetzlichen Tatbestandsmerkmals durch ein umfangweiteres Merkmal

Gesetzlicher Tatbestand: $TB1x \land TB2x \land TB3x$
Neuer Tatbestand: $TB1x \land TB2x \land TB4x$
Beziehungsregel: $TB3x \rightarrow TB4x$

Setzt man die ersten beiden Ausdrücke im obigen Argumentationsschema statt der Prädikat TB und modTB und die Beziehungsregel als Zusatzprämisse ein, stellt man die These auf, dass die in der Norm vorgesehene Rechtsfolge nach dem Sinn und Zweck der Norm auch dann eintreten soll, wenn nicht das Merkmal TB3, sondern das Merkmal TB4 erfüllt ist, das sich zu TB3 wie ein Gattungsbegriff zu einem Artbegriff verhält.

Beispiel:

Gebraucht ein anderer unbefugt den Namen eines Berechtigten, kann der Berechtigte nach § 12 S. 1 BGB von ihm die Beseitigung der Beeinträchtigung

---

224 Über die Rechtsnatur der Fortsetzungsfeststellungsklage wird in Rechtsprechung und Lehre gestritten. Nach einer Meinung handelt es sich um einen Unterfall der Anfechtungsklage (z. B. OVG Koblenz NJW 1982, 1301; VGH München BayVBl. 1993, 430), nach anderer Ansicht um eine besondere Form der Feststellungsklage (VGH München NVwZ-RR 1992, 219; Rozek, Jochen, Grundfälle zur verwaltungsgerichtlichen Fortsetzungsfeststellungsklage, Juristische Schulung 1995, S. 414 ff. (415), nach dritter Auffassung um keine dieser Klagearten (Fechner, Frank, Die Rechtswidrigkeitsfeststellungsklage, Neue Zeitschrift für Verwaltungsrecht 2000, S. 121 ff. (128).

verlangen. Die materielle Legitimation dieser Rechtsfolge besteht hier darin, dass der Name wegen seiner Ordnungs- und Unterscheidungsfunktion einen erheblichen Wert für private und wirtschaftliche Betätigungen des Berechtigten in der Öffentlichkeit darstellt. Gebraucht ein Unbefugter den gleichen Namen, besteht die Gefahr, dass es zu Personenverwechselungen kommt. Zur Abwehr dieser Gefahr wird dem Berechtigten beim Missbrauch seines Namens ein Beseitigungsanspruch zugestanden.

Fraglich ist, wie Wappen oder Siegel zu behandeln sind. Sie sind vom Wortlaut der Vorschrift eindeutig nicht mehr erfasst, da es sich nicht um sprachliche Zeichen handelt. Gleichwohl besitzen sie in der Regel eine individualisierende Kennzeichnungskraft. Sie haben für den Berechtigten den gleichen Wert wie ein Name, und ihre Verwendung durch Unbefugte führt die gleichen Gefahren herbei wie ein Missbrauch des Namens. Alle Gründe für den Schutz, den § 12 S. 1 BGB gegen den unbefugten Gebrauch eines Namens gewährt, treffen genauso auf den unbefugten Gebrauch anderer Kennzeichen zu, die der Individualisierung von Personen dienen. Das Tatbestandsmerkmal »Name« kann daher durch das Merkmal »individualisierendes Kennzeichen von Personen« ersetzt werden. Da Wappen und Siegel individualisierende Kennzeichen sind, ist der Schutz der Norm durch analoge Anwendung auf sie zu übertragen.

Das Beispiel zeigt, dass es bei dieser Art der Tatbestandserweiterung darum geht, den kleinsten gemeinsamen Gattungsbegriff zu finden, dem das Tatbestandsmerkmal, an dem die Subsumtion gescheitert ist, und das Sachverhaltsmerkmal des ungeregelten Falles, das nicht subsumierbar war, untergeordnet sind, und dann zu prüfen, ob es mit dem Sinn und Zweck der Norm vereinbar wäre, wenn man den kleinsten gemeinsamen Gattungsbegriff an die Stelle des Tatbestandsmerkmals setzen würde, an dem die Subsumtion gescheitert ist.

Grundsätzlich in Betracht zu ziehen ist noch eine dritte Möglichkeit der Tatbestandserweiterung: die Aufnahme eines alternativen Tatbestandsmerkmals.

Gesetzlicher Tatbestand: $(TB1x \wedge TB2x \wedge TB3x)$
Neuer Tatbestand: $(TB1x \wedge TB2x \wedge [TB3x \#^{225} TB4x])$
Beziehungsregel: $(TB3x \rightarrow \neg TB4x) \wedge TB4x \rightarrow \neg TB3x)$[226]

Für die Begründung des Eintritts der Rechtsfolge müsste es dann unerheblich sein, ob ein Sachverhalt, der die Tatbestandsmerkmale TB1 und TB2 erfüllt, zusätzlich noch das Merkmal TB3 oder das Merkmal TB4 aufweist. Beide Tatbestandsmerkmale wären insoweit gleichwertig.

---

226 Der Junktor # bedeutet: entweder – oder
226 Die Beziehungsregel verdeutlicht nur, was der Junktor # bereits der aussagt: Beide Tatbestandsmerkmale bilden eine echte Alternative.

Beispiel:

Wird § 113 Abs. 1 Satz 4 VwGO analog auf Verpflichtungsklagen angewandt[227], so kann ein Sachverhalt, um in den Anwendungsbereich der Norm zu fallen, anstelle des Sachverhaltsmerkmals »Anfechtungsklage« auch das Sachverhaltsmerkmal »Verpflichtungsklage« aufweisen. An der rechtlich relevanten Problemlage ändert sich dadurch nichts. § 113 Abs. 1 Satz 4 VwGO hat den Sinn, eine Klage auch nach Erledigung des Klagegegenstandes für zulässig zu erklären, wenn der Betroffene ein berechtigtes Interesse daran hat, die Rechtswidrigkeit des vergangenen Verhaltens der Behörde feststellen zu lassen. Ein solches berechtigtes Interesse kann nicht nur in Bezug auf den Erlass eines rechtswidrigen Verwaltungsakts bestehen, sondern auch in Bezug auf das rechtswidrige Versagen eines Verwaltungsaktes. Die Rechtsschutzgarantie des Art 19 Abs. 4 GG erfordert daher eine entsprechende Erweiterung des Anwendungsbereichs von § 113 Abs. 1 Satz 4 VwGO.

Grundsätzlich ist gegen eine solche Argumentation nichts einzuwenden. Bei näherer Betrachtung zeigt sich jedoch, dass die Bildung der Alternative auf einem gemeinsamen Rechtsgedanken beruhen muss, wenn in beiden Fällen die gleiche Begründung greifen soll. Bringt man diesen gemeinsamen Rechtsgedanken zum Ausdruck, erhält man ein allgemeines Merkmal, dem die alternativen Merkmale untergeordnet sind. In Wahrheit handelt es sich hier also um das Verfahren der Substitution, das lediglich aus pragmatischen Gründen verkürzt wird. Die zeigt sich auch am obigen Beispielsfall:

Das Interesse an der Feststellung, dass ein Verwaltungsakt rechtswidrig war, und das Interesse an der Feststellung, dass die Ablehnung eines Verwaltungsaktes rechtswidrig war, kann auf den gemeinsamen Nenner eines Interesses an der Feststellung gebracht werden, dass das Verhaltens einer Behörde in Bezug auf einen Verwaltungsakt rechtswidrig war. Mit der Bezugname auf einen Verwaltungsakt wird die notwendige Abgrenzung gegen hoheitliche Realakte gezogen, bei deren Erledigung nach h. M. keine analoge Anwendung von § 113 Abs. 1 Satz 4 VwGO in Betracht kommt[228]. Insoweit fehlt es nämlich an einer Regelungslücke, da dem Betroffenen die allgemeine Feststellungsklage nach § 43 Abs. 1 VwGO offen steht (Klage auf Feststellung des Bestehens oder Nichtbestehens eines vergangenen Rechtsverhältnisses).

---

227 Das Beispiel setzt voraus, dass man die Fortsetzungsfeststellungsklage der Anfechtungsklage zurechnet (s. Fußnote 225).

228 vgl. statt vieler OVG Bremen NwwZ 1990, 1188; Kopp, Ferdinand O./Schenke, Wolf-Rüdiger, Verwaltungsgerichtsordnung – Kommentar, 15., neubearbeitete Auflage 2007, § 113 Rdnr. 116)

Ein alternatives Tatbestandsmerkmal, das sich nicht mit dem ursprünglichen Tatbestandsmerkmal in einem gemeinsamen Oberbegriff zusammenfassen ließe, widerspräche dem Grundgedanken der Analogie, dass die Übertragung der Rechtsfolge gerechtfertigt ist, weil der ungeregelte und die geregelten Fälle sich in den rechtlich relevanten Merkmalen gleichen.

Exkurs: Vergleich des neuen Ansatzes mit dem Lösungsvorschlag von *Klug*

Streng logisch betrachtet, werden bei dem hier vorgeschlagenen Argumentationsschema

1.	$TBx \rightarrow RFx$	(Norminhalt)
2.	$SVx \rightarrow \neg TBx$	(Nichtsubsumierbarkeit)
3.	$SVx \rightarrow \neg ([altTBx \rightarrow RFx] \wedge \neg[altTBx \rightarrow \neg RFx])$	(Ungeregeltheit)
4.	$\neg (\neg TBx \rightarrow \neg RFx)$	(kein Analogieverbot)
5.	$TBx \rightarrow modTBx$	(Tatbestands-
6.	$modTBx \rightarrow RFx$	erweiterung)
7.	$SVx \rightarrow modTBx$	(Subsumierbarkeit)

$SVx \rightarrow RFx$ (Analogie)

nur die Prämissen 6 und 7 benötigt, um die Konklusion zu rechtfertigen. Die übrigen Prämissen sind zwar für die Rekonstruktion des juristischen Gedankengangs unverzichtbar, gehören aber nicht zum eigentlichen logischen Schluss. Sie klären nur die Voraussetzungen, die erfüllt sein müssen, damit dieser Schluss im Rahmen der juristischen Diskussion über die analoge Anwendung einer Norm relevant sein kann.

Beschränkt man sich auf die für den logischen Schluss notwendigen Prämissen und vertauscht ihre Reihenfolge, erhält man den klassischen Schluss »Barbara« in prädikatenlogischer Ausdrucksweise:

$SVx \rightarrow modTBx$

$\underline{modTBx \rightarrow RFx}$

$SVx \rightarrow RFx$

Wenn alle Sachverhalte, die die Sachverhaltsmerkmalen SV aufweisen, die modifizierten Tatbestandsmerkmale modTB erfüllen, und alle Sachverhalte, die die Tatbestandsmerkmale modTB erfüllen, die Voraussetzungen für den Eintritt der Rechtsfolge RF erfüllen, dann erfüllen alle Sachverhalte, die die Sachverhaltsmerkmale SV aufweisen, die Voraussetzungen für den Eintritt der Rechtsfolge RF[229].

Damit weist der vorliegende Rekonstruktionsversuch große Ähnlichkeiten zum Lösungsansatz von *Klug* auf – dem einzigen oben dargestellten Schlussverfahren, das sich ebenfalls als logisch korrekt erwiesen hat. Auch bei *Klug* macht der logische Schluss nur den letzten Teil des Analogieverfahrens aus, und auch er verwendet einen Schluss im Modus Barbara, den er mengentheoretisch ausdrückt:

$$\{(\alpha \subset \beta) \wedge [(\beta \cup \gamma) \subset \gamma]\} \rightarrow (\alpha \subset \delta)$$

Immer, wenn α eine Teilklasse von β ist und die Vereinigungsklasse von β und γ eine Teilklasse von δ ist, dann ist auch α eine Teilklasse von δ.

An die Stelle der Vereinigungsklasse von β und γ (dem Ähnlichkeitskreis, der aus geregelten und ungeregelten Fällen gebildet wird), tritt beim hier vorgeschlagenen Lösungsansatz der neue, erweiterte Tatbestand, unter den sich geregelte und ungeregelte Fälle subsumieren lassen. Das logische Muster stimmt in beiden Schlussverfahren überein.

Was macht aber dann den Vorteil des hier vorgeschlagenen Ansatzes gegenüber dem Vorschlag von *Klug* aus? Offensichtlich kann er nur in der juristischen Relevanz des Argumentationsschemas zu suchen sein.

In der angewandten Logik kommt es in der Regel darauf an, welche inhaltlichen Aussagen als Prämissen in eine gültige Schlussfigur eingesetzt werden sollen. Die Aussagen müssen so gewählt werden, dass sie, in eine schlüssige Form gebracht, ein angemessenes Argument im Rahmen einer bestimmten (fachlichen) Problematik darstellen.

Im vorliegenden Fall ist zu berücksichtigen, dass es sich bei den beiden miteinander verglichenen Lösungsvorschlägen nicht um konkrete Argumentationen handelt, sondern um abstrakte Argumentationsmuster, die nur auf allgemeine Weise angeben, welche verschiedenen Argumentationsschritte erforderlich sind, um das Argumentationsziel zu erreichen. Dementsprechend ordnen sie den verwendeten Symbolen keine konkreten Prädikate zu, die, wenn sie in die Prämissen eingesetzt würden, zur Begründung einer bestimmten Analogie führen würden. Vielmehr füllen sie die Symbole mit abstrakten Prädikaten aus (z. B. »ähnlicher Sachverhalt« bei *Klug* oder »Erfüllung modifizierter Tatbestandsmerkmale« im vorliegenden Lösungsansatz), die, wenn sie in die Prämissen eingesetzt werden, Schlusssätze einzelner Argumentationsschritte er-

---

229 In der Sprache der **aristotelisch-scholastischen Logik** hätte dieser Schluss folgende Form:
Alle SV sind modTB
Alle modTB sind RF
Alle SV sind RF.

geben. So erhält man bei *Klug* etwa den Schlusssatz: »Wenn ein Sachverhalt zur Vereinigungsmenge der Sachverhalte gehört, die entweder den Tatbestand erfüllen oder diesen ähnlich sind, zieht er die in der Norm vorgesehene Rechtsfolge nach sich« und beim hier vorgeschlagenen Lösungsansatz z. B. den Schlusssatz: »Wenn der gegebene Sachverhalt die modifizierten Tatbestandsmerkmale aufweist, erfüllt er die Voraussetzungen für den Eintritt der in der Norm vorgesehenen Rechtsfolge«. Die zu solchen Schlusssätzen hinführenden Detailargumente bleiben in den allgemeinen Argumentationsmustern ausgeblendet. Die einzelnen Argumentationsschritte müssen in jedem konkreten Anwendungsfall auf besondere Weise ausgefüllt werden.

Über die fachliche Relevanz solcher Argumentationsmuster entscheidet die Frage, inwiefern die von ihnen vorgegebenen Argumentationsschritte geeignet sind, ein bestimmtes Argumentationsziel zu erreichen, wenn man sie mit bestimmten Inhalten ausfüllt. Das Argumentationsmuster muss als Leitfaden für konkrete Argumentationen in einer unbestimmten Vielzahl von Fällen genutzt werden können.

Wie verhält es sich insoweit mit den beiden hier in Rede stehenden Argumentationsmustern?

Während bei *Klug* die Ähnlichkeit, die bestimmte ungeregelte mit den geregelten Sachverhalten aufweisen, im Zentrum des Analogiegedankens steht, stellt der hier vorgeschlagene Lösungsansatz auf die Relevanz oder Irrelevanz von Tatbestandsmerkmalen für die Begründung des Eintritts der Rechtsfolge ab. Bei *Klug* muss ein Ähnlichkeitskreis aus geregelten und ungeregelten Sachverhalten gebildet werden, wohingegen hier der Ausgangstatbestand so korrigiert wird, dass er nur noch aus relevanten Tatbestandsmerkmalen besteht. Jener Ansatz läuft im Ergebnis auf ein Nebeneinander unterschiedlicher Tatbestände hinaus, die aufgrund ihrer Ähnlichkeit mit der gleichen Rechtsfolge verbunden werden sollen. Der hier vorgeschlagene Lösungsansatz führt demgegenüber zu einer Erweiterung des ursprünglichen Tatbestandes durch Reduktion der Merkmale, die für die Subsumtion entscheidend sind. Auf der einen Seite steht eine *Vermehrung* der Tatbestände, die wegen ihrer Ähnlichkeit die gleiche Rechtsfolge nach sich ziehen sollen, auf der anderen Seite die Bildung eines neuen *einheitlichen* Tatbestandes, bei dessen Erfüllung der Eintritt der Rechtsfolge nach der ratio legis der Norm angebracht ist.

Dies ist der ausschlaggebende Unterschied. Die Vermehrung von Tatbeständen hilft nämlich in der juristischen Argumentationspraxis nicht weiter. Unklar ist bereits, wie die Zugehörigkeit eines ungeregelten Falles zum Ähnlichkeitskreis begründet werden soll. Welche Merkmale zeigen eine solche Ähnlichkeit an, welche stehen ihr entgegen? Wie groß darf die Abweichung sein, ohne der Ähnlichkeit zu schaden? Welche Kriterien gibt es für die Ähnlichkeit? Selbst wenn man aber diese Fragen zurückstellt, bleibt es unerfindlich, wie die Prämisse verifiziert werden soll, dass in allen Fällen, die zum Ähnlichkeitskreis gehören, die gleiche Rechtsfolge wie bei den geregelten Fällen angebracht ist. Die Unterschiedlichkeit der Tatbestände, die bei ihrer bloßen Zusammenfassung unter dem Gesichtspunkt der Ähnlichkeit erhalten bleibt, spricht eher gegen eine Gleichbehandlung als für sie. Wenn eine Gleichbehandlung gerechtfertigt sein soll, müssen die zusammengefassten Tatbestände etwas Gemeinsames haben, und dieses Gemeinsame müsste der hinreichende Grund für die Gleichbehandlung sein. Wenn *Klug* jedoch an den Unterschieden zwischen den Tatbeständen festhält und sich mit ihrer Ähnlichkeit begnügt, beraubt er sich jeder Möglichkeit, mit seinem Argumentationsmuster im konkreten Fall die Gleichbehandlung eines ungeregelten Falles mit den geregelten Fällen zu legitimieren.

Dafür muss man – wie beim hier vorliegenden Lösungsansatz – vielmehr von der *Gleichheit* des ungeregelten Falles mit den geregelten in den rechtlich relevanten Merkmalen ausgehen, also von der Irrelevanz der Tatbestandsmerkmale, an denen die Subsumtion gescheitert ist, für die Begründung des Eintritts der Rechtsfolge.

Nur mit einer Korrektur des Tatbestandes im Hinblick auf den Sinn und Zweck der Norm kann das Argumentationsziel – die Rechtfertigung einer Analogie – erreicht werden.

Im Zentrum des hier vorgeschlagenen Argumentationsmusters steht eine Tatbestandskorrektur, die zur Erweiterung des Anwendungsbereichs der Norm führt. Diese Tatbestandskorrektur kann, wie oben festgestellt, nicht mit den Mitteln der formalen Logik erfolgen. Vielmehr muss mit Hilfe der teleologischen Interpretation dargelegt werden, dass alle Gründe, die bei Erfüllung des gesetzlichen Tatbestandes für den Eintritt der in der Norm vorgesehenen Rechtsfolge sprechen, auch dann greifen, wenn der korrigierte Tatbestand erfüllt ist.

Grundlage dieser Argumentation ist die (Gerechtigkeits-)These, dass alle gleich gelagerten Sachverhalte in der Regel gleich behandelt werden sollen. Diese These basiert auf der Überzeugung, dass alle Normen letztlich durch den Rückgriff auf Werte, Ziele und Grundsätze der Rechtsordnung begründet, also materiell legitimiert werden müssen. Sie sollen – jedenfalls dem Grundsatz nach – immer und nur dann Anwendung finden, wenn die entsprechende Begründung greift. Auf diese Weise erheben Begründungen einen Allgemeinheitsanspruch, der einen rationalen Diskurs über den Anwendungsbereich einer Norm ermöglicht.

Dies gilt bereits für Streitfragen über den direkten Anwendungsbereich einer Norm. Alle Tatbestandsmerkmale müssen so ausgelegt werden, wie es der Sinn und Zweck der Norm verlangt. Dies führt zu einer weiten Auslegung einzelner Begriffe, wenn dadurch bestimmte Sachverhalte mit gleichem Regelungsbedarf erfasst werden können, und zu einer engen Auslegung, wenn dadurch Sachverhalte ohne entsprechenden Regelungsbedarf ausgeschlossen werden können.

An diesen Gedanken knüpft die Analogie an. Sie erweitert das Auslegungsprinzip, demzufolge sich das Verständnis der im Tatbestand verwendeten Begriffe nach dem Sinn und Zweck der Norm richten muss, zu einem Korrekturprinzip, das auch eine Modifikation der im Tatbestand verwendeten Begriffe erlaubt, wenn dadurch Sachverhalte erfasst werden können, in denen die gleichen Gründe für den Eintritt der Rechtsfolge gelten wie in den geregelten Fällen. Die Analogie überträgt die materielle Legitimation der Norm auf gleich gelagerte Fälle, die außerhalb des Anwendungsbereichs der Norm liegen. Im Argumentationsschema muss diese Übertragung allerdings ausdrücklich als Prämisse gesetzt werden. Sie ist nicht zwingend. Im Einzelfall kann ihre Geltung durchaus bestritten werden, etwa wenn man ein Analogieverbot unterstellt.

1.6.4.   Anwendung des Argumentationsschemas im konkreten Fall

Auch wenn die Prämissen 5 und 6, in denen die Tatbestandskorrektur vorgenommen wird, im Mittelpunkt des hier vorgeschlagenen Lösungsansatzes stehen, weil sie das Charakteristische der Analogie ausmachen, müssen im konkreten Anwendungsfall alle Prämissen des Argumentationsschemas gleichermaßen erfüllt sein, wenn die Analogiebildung erfolgreich sein soll. Jede Prämisse muss ausreichend begründet werden. Jede Gegenargumentation muss mit überzeugenden Gründen zurückgewiesen werden. An jedem Punkt der Argumentation können daher heftige Kontroversen einsetzen. Im Einzelfall kann die Analogiebildung einen erheblichen Argumentationsaufwand erfordern.

Dies lässt sich an folgendem *Beispiel* demonstrieren:

Nach § 618 Abs.1 BGB hat der Dienstberechtigte Räume, Vorrichtungen oder Gerätschaften, die er zur Verrichtung der Dienste zu beschaffen hat, so einzurichten und zu unterhalten, dass der Verpflichtete gegen Gefahr für Leben und Gesundheit so weit geschützt ist, als die Natur der Dienstleistung es gestattet. Erfüllt er diese Verpflichtungen nicht, so finden auf seine Verpflichtung zum Schadensersatz die für unerlaubte Handlungen geltenden Vorschriften der §§ 842 bis 846 entsprechende Anwendung (§ 618 Abs. 3 BGB).

Fraglich ist, wie ein Fall zu beurteilen ist, bei dem ein Lieferant mehrere Öfen zu liefern und in einem Neubau aufzustellen hat und bei der Aufstellung der Öfen auf einer nicht verkehrssicheren Treppe des Neubaus einen Unfall erleidet[230]. Grundlage ist hier kein Dienstvertrag, sondern ein Kaufvertrag mit werk-

---

230 s. RGZ 159, 268

vertraglichem Einschlag. Vom Wortlaut der Vorschrift ist dieser Fall also nicht gedeckt. Ist die Regelung analog anzuwenden? Bei oberflächlicher Betrachtung scheint die Antwort leicht zu sein: Der Lieferant muss sich – ebenso wie der Dienstverpflichtete, den § 618 BGB im Auge hat – zur Vertragserfüllung in die von seinem Vertragspartner beherrschte Risikosphäre begeben und sich den dort bestehenden Gefahren für Leben und Gesundheit aussetzen. Es liegt daher nahe, diesen Fall genauso zu beurteilen wie einen vom Tatbestand erfassten. Auch hier scheint die in § 618 Abs. 3 BGB vorgesehene Rechtsfolge – Schadensersatz gemäß den für unerlaubte Handlung geltenden Vorschriften der §§ 842 bis 846 BGB – nach Sinn und Zweck der Norm angebracht zu sein. An die Stelle des Merkmals »Dienstvertrag« ist man geneigt, das Merkmal »Vertrag, bei dem der eine Teil zur Erfüllung der Leistung des anderen Teils Räume, Vorrichtungen oder Gerätschaften zu beschaffen, einzurichten oder zu unterhalten hat« zu setzen.

Tatsächlich erweist sich die Problematik jedoch als erheblich komplexer. Die Argumentation muss viel differenzierter ausfallen. Dies wird deutlich, wenn man das hier entwickelte Argumentationsschema heranzieht und alle Prämissen sorgfältig prüft.

Die Schwierigkeiten beginnen bereits bei

Prämisse 1, der Wiedergabe des Norminhalts (TBx → RFx). Bei genauer Lesart zeigt sich nämlich, dass die Norm zweistufig aufgebaut ist: Die Rechtsfolge von § 618 Abs. 1 BGB (Bestehen einer Sicherungspflicht des Dienstberechtigten) fungiert in § 618 Abs. 3 BGB als Tatbestandsmerkmal. Zunächst muss also der Tatbestand von § 618 Abs. 1 BGB erfüllt sein und die Sicherungspflicht bejaht werden, bei der es sich um eine Konkretisierung der Fürsorgepflicht des Dienstberechtigten handelt[231]. Erst dann kann der Tatbestand des § 618 Abs. 3 BGB (schuldhafte Verletzung der Sicherungspflicht) geprüft werden, um zu klären, ob für die Schadensersatzpflicht des Dienstberechtigten die §§ 842 bis 846 BGB gelten.

Hinzu kommt, dass § 618 Abs. 3 BGB die Schadensersatzpflicht des Dienstberechtigten nicht dem Grunde, sondern nur dem Umfang nach regelt[232]. Dem Grunde nach folgt die Schadensersatzpflicht wegen Verletzung einer vertraglichen Pflicht aus § 280 Abs. 1 BGB i.V.m. § 618 Abs. 1 BGB. § 618 Abs. 3 BGB trifft nur die Son-

---

231 Nach h. M. erschöpft sich die Bedeutung des § 618 Abs. 1 BGB nicht darin, Voraussetzung für § 618 Abs. 3 BGB zu sein, sondern gibt dem Dienstverpflichteten zunächst einen Anspruch auf Erfüllung der Fürsorgepflicht (s. statt vieler Palandt-Weidenkaff, § 618 Rdnr. 1 ff.)
232 allgemeine Meinung, s. z. B. Palandt-Weidenkaff, § 618 Rdnr. 1 ff

derregelung, dass der Dienstberechtigte bei Vorliegen einer Schadensersatzpflicht nach § 280 Abs. 1 BGB i.V.m. § 618 Abs.1 BGB im
gleichen Umfang haftet wie ein Schadensersatzpflichtiger wegen
unerlaubter Handlung. Bevor daher der Umfang der Schadensersatzpflicht nach § 618 Abs. 3 BGB geprüft wird, ist erst das Bestehen eines Schadensersatzanspruchs nach § 280 Abs. 1 BGB i.V.m.
§ 618 Abs. 1 BGB zu untersuchen.

Diese Besonderheiten haben unmittelbare Auswirkungen auf die
Prüfung von

Prämisse 2, der Feststellung der Nichtsubsumierbarkeit (SVx → ¬TBx). Es
muss genau herausgearbeitet werden, an welchem Tatbestandsmerkmal welcher Norm die Subsumtion scheitert.

Oberflächlich betrachtet, scheint man schon das Vorliegen einer
Sicherungspflicht und damit die Begründung einer Schadensersatzpflicht nach § 280 Abs. 1 BGB i.V.m. § 618 Abs. 1 BGB verneinen zu müssen, weil es an der richtigen Vertragsart fehlt: Zwar hatte der Besteller, wie in § 618 Abs. 1 BGB vorgesehen, die Räume für
die Leistung seines Vertragspartners zu beschaffen, doch handelte
es sich beim zugrunde liegenden Vertrag nicht um einen Dienstvertrag, sondern um einen Kaufvertrag mit werkvertraglichem Einschlag. Der Tatbestand von § 618 Abs. 1 BGB ist nicht erfüllt.

Falsch wäre es indes, nunmehr sofort zur Frage nach einer analogen Anwendung von § 618 Abs. 1 BGB überzugehen. Vorher muss
vielmehr

Prämisse 3, die Ungeregeltheit des Falles, geprüft, als die Frage gestellt werden,
ob es andere Normen gibt, aus denen sich im vorliegenden Fall die
Bejahung oder Verneinung einer Sicherungspflicht des Bestellers
ergibt (SVx → ¬ ([altTBx → RFx] ∧¬[altTBx → ¬RFx]).

Tatsächlich kann man aus der für alle Schuldverhältnisse geltenden Pflicht zur Rücksichtnahme auf die Rechte, Rechtsgüter und
Interessen des anderen Teils nach § 241 Abs. 2 BGB unter den hier
vorliegenden vertraglichen Umständen (Lieferung und Aufstellung
der Öfen in den Räumen des Bestellers) mit guten Gründen eine Sicherungspflicht des Bestellers zum Schutz des Lieferanten
vor Gefahren für Leben und Gesundheit ableiten. Eine schuldhafte
Verletzung dieser Sicherungspflicht begründet nach §§ 280 Abs. 1
BGB i.V.m. § 241 Abs. 2 BGB eine Schadensersatzpflicht des Bestellers. Es bedarf daher keiner analogen Anwendung von § 618
Abs. 1 BGB, um im vorliegenden Fall eine Schadensersatzpflicht

dem Grunde nach herzuleiten. Fraglich ist lediglich, ob für eine schuldhafte Verletzung der aus § 241 Abs. 2 BGB abgeleiteten Sicherungspflicht des Bestellers der Haftungsumfang maßgeblich ist, den § 618 Abs. 3 BGB vorsieht.

Soweit es um die *Begründung* einer Schadensersatzpflicht geht, endet also die Analogieprüfung an dieser Stelle mit dem negativen Ergebnis, dass eine Analogie unnötig ist.

Nur soweit es um den *Umfang* der Schadensersatzpflicht geht, muss die Prüfung fortgesetzt werden. Genauer gesagt, muss sie, nunmehr ausschließlich auf § 618 Abs. 3 BGB bezogen, noch einmal von vorn beginnen:

Prämisse 1   legt wieder den Inhalt der geprüften Norm fest: § 618 Abs. 3 BGB setzt voraus, dass der Dienstberechtigte die sich aus § 618 Abs. 1 BGB ergebende Sicherungspflicht schuldhaft verletzt hat, der Verpflichtete daraufhin zu Schaden gekommen ist und nach den maßgeblichen Normen eine Schadensersatzpflicht des Dienstberechtigten besteht. Dann sollen auf seine Verpflichtung zum Schadensersatz die für unerlaubte Handlungen geltenden Vorschriften der §§ 842 bis 846 BGB entsprechende Anwendung finden.

Prämisse 2:   Im vorliegenden Fall hat der Besteller seine Sicherungspflichten schuldhaft verletzt. Der Lieferant hat einen Schaden erlitten. Eine Schadensersatzpflicht ist nach §§ 280 Abs. 1 BGB i.V.m. § 241 Abs. 2 BGB eingetreten. § 618 Abs. 3 BGB ist aber unanwendbar, weil es sich bei der aus § 241 Abs. 2 BGB abgeleiteten Sicherungspflicht des Bestellers nicht um die aus § 618 Abs. 1 BGB folgende Sicherungspflicht eines Dienstberechtigten handelt. Wiederum ist die Vertragsart das entscheidende Subsumtionshindernis.

Prämisse 3:   Bevor eine analoge Anwendung von § 618 Abs. 3 BGB in Betracht gezogen wird, muss allerdings erneut gefragt werden, ob es andere einschlägige Normen gibt, die im vorliegenden Fall die Anwendbarkeit oder Unanwendbarkeit der §§ 842 bis 846 BGB regeln. Dies ist zumindest teilweise der Fall. Die in §§ 842, 843 BGB geregelten Ansprüche des Verletzten (Ausgleich aller Nachteile für den Erwerb oder das Fortkommen, Leistung einer Geldrente oder Kapitalabfindung) stehen nämlich dem Verletzten schon nach den auch für das Vertragsrecht geltenden allgemeinen Vorschriften der §§ 249 ff. BGB zu.

Die Besonderheit des § 618 Abs. 3 BGB besteht demnach vor allem darin, dass er einem Dritten (dem Hinterbliebenen bzw. einem Dienstberechtigten des Verletzten) vertragliche Ansprüche im

Rahmen der §§ 844, 845 BGB, ggf. unter Berücksichtigung eines Mitverschuldens des Verletzten (§ 846 BGB), zubilligt, die ohne diese Vorschrift nur auf unerlaubte Handlung gestützt werden könnten[233].

Das heißt: Soweit im vorliegenden Fall lediglich über Ansprüche des Verletzten nach §§ 842, 843 BGB zu entscheiden ist, bedarf es keiner analogen Anwendung von § 618 Abs. 3 BGB. Diese Rechtsfolgen können bereits in direkter Anwendung anderer Normen abgeleitet werden.

Nur soweit Ansprüche von Dritten (Hinterbliebenen oder Dienstberechtigten des Verletzten) in Betracht kommen, ist die Prüfung mit

Prämisse 4, der Frage nach der Analogiefähigkeit der Norm ($\neg$ ($\neg$TBx $\rightarrow$ $\neg$RFx), fortzusetzen.

Probleme ergeben sich bei diesem Argumentationsschritt daraus, dass § 618 Abs. 3 BGB als Sondervorschrift verstanden werden kann, die nicht ohne weiteres auf andere Sachverhalte zu übertragen ist. Das BGB unterscheidet im Allgemeinen scharf zwischen vertraglicher Haftung und Haftung aus unerlaubter Handlung. Die Durchbrechung dieser Trennung durch § 618 Abs. 3 BGB stellt eine Ausnahme im Haftungsrecht dar. Daraus könnte ein Indiz gegen die Analogiefähigkeit der Norm abgeleitet werden.

Ein zwingendes Gegenargument folgt daraus allerdings nicht. Grundsätzlich sind auch Ausnahmeregeln analogiefähig. Voraussetzung ist lediglich, dass bei einer analogen Anwendung die gleichen Gründe für die Ausnahme (hier für die Durchbrechung des Trennungsprinzips) sprechen wie bei den geregelten Fällen.

Zu bedenken ist aber weiterhin, dass der Anwendungsbereich des § 618 Abs. 3 BGB durch Regelungen der gesetzlichen Unfallversicherung, die auch Ansprüchen von Hinterbliebenen Rechnung trägt, immer stärker eingeschränkt worden ist. Es besteht somit die Gefahr, dass die analoge Anwendung, wenn man sie zulässt, zum eigentlichen Kernbereich der Anwendung wird. Auch dieses Gegenargument ist allerdings nicht zwingend. Solange § 618 Abs. 3 BGB als Auffangvorschrift für alle Schadensersatzansprüche wegen Verletzung von Sicherungspflichten im Rahmen eines Dienstverhältnisses dient, solange ist auch eine Übertragung des der Norm zugrunde liegenden Rechtsgedankens auf Fälle außerhalb des Dienstrechts nicht ausgeschlossen. Die kritische Grenze wäre

---

233 s. RGZ 112, 290 ff. (296)

erst erreicht, wenn es überhaupt keinen direkten Anwendungsbereich der Norm mehr gäbe. Dann würde der Rechtsgedanke der
Norm in anderen Normen aufgehen und die Analogiebildung hätte sich an diese anderen Normen zu halten. Ein solcher Fall liegt
hier allerdings nicht vor.

Entscheidend ist somit letztlich, ob der Tatbestand des § 618 Abs.
3 BGB nach dem Sinn und Zweck der Norm so korrigiert werden
kann, dass der vorliegende Fall davon erfasst wird. Damit ist man
beim Kern der Analogieargumentation angelangt.

Prämisse 5 (Bildung eines umfangreicheren Tatbestandes: TBx → modTBx):
In einem ersten Schritt ist ein neuer Tatbestand zu bilden, bei dem
das Merkmal, an dem die Subsumtion gescheitert ist, entweder ersatzlos gestrichen oder durch ein anderes, umfangreicheres Merkmal ersetzt wird. Im vorliegenden Fall können in dem Satz »Der
Dienstberechtigte ist verpflichtet, Räume, Vorrichtungen oder Gerätschaften, die er zur Verrichtung der Dienste zu beschaffen hat,
so einzurichten und zu unterhalten, dass der Verpflichtete gegen
Gefahr für Leben und Gesundheit so weit geschützt ist, als die
Natur der Dienstleistung es gestattet« die Begriffe »Dienstberechtigter« und »Dienstleistung« durch die Begriffe »Vertragspartner«
und »geschuldete Leistung« ausgetauscht werden. Dies sind die
nächsthöheren Gattungsbegriffe, die sowohl die nicht erfüllten Tatbestandsmerkmale (»Dienstberechtigter« und »Dienstleistung«)
als auch die nicht subsumierbaren Sachverhaltsmerkmale (»Lieferant« und »Aufstellung der gekauften Ware«) umfassen.

Prämisse 6: (Verknüpfung des neuen Tatbestands mit der Rechtsfolge der
Norm: modTBx → RFx): Im zweiten Schritt ist zu prüfen, ob der
neue Tatbestand mit dem Sinn und Zweck der Norm übereinstimmt. Dies ist der Fall, wenn alle rechtspolitischen, und rechtssystematischen Gründe, die bei Erfüllung des gesetzlichen Tatbestandes für den Eintritt der in der Norm vorgesehenen Rechtsfolge
sprechen (Anwendbarkeit der §§ 844, 845 BGB), auch bei Vorliegen des neuen Tatbestandes vorgebracht werden können.

Der Normzweck des § 618 Abs. 3 BGB besteht in erster Linie darin,
die Verletzung der Sicherungspflicht nach § 618 Abs. 1 BGB hinsichtlich des Umfangs der Schadensersatzhaftung mit einer uner-
laubten Handlung gleichzusetzen. Die Begründung für diese
Gleichsetzung ist darin zu sehen, dass die Sicherungspflicht nach
§ 618 Abs. 1 BGB in Bezug auf Räume, Vorrichtungen und Gerätschaften mit der typischen Sicherungspflicht identisch ist, die
im Rahmen des Deliktsrechts Anknüpfungspunkt für Schadenser-

satzleistungen ist. Die Schäden, die bei Verletzung der Sicherungspflicht eintreten (Tod oder Gesundheitsbeeinträchtigung), können
sich – wie bei unerlaubter Handlung – typischerweise auf bestimmte Dritte erstrecken, die von der Leistungsfähigkeit des Verletzten
abhängig sind. Der Unterschied besteht lediglich darin, dass die
Sicherungspflicht nach § 618 Abs. 1 BGB nicht gegenüber der All-
gemeinheit, sondern gegenüber dem Dienstverpflichteten besteht,
der sich, um seinen Dienst zu verrichten, in die Risikosphäre des
anderen Teils begeben muss.

Diese Begründung für die Gleichsetzung trifft auch dann zu, wenn
zwischen den Vertragspartnern kein Dienstvertrag, sondern ein
Vertrag anderer Art besteht, bei dem einer der beiden Vertragspartner die geschuldete Leistung nur zu erbringen vermag, wenn
er sich den Gefahren aussetzt, die von den Räumen, Vorrichtungen oder Gerätschaften ausgeht, die der andere Teil zu beschaffen
hat. Auch hier können durch eine Verletzung typischer Sicherungspflichten dem anderen Vertragspartner Gesundheitsschäden mit
schwer wiegenden Auswirkungen auf Dritte haben, die von seiner
Leistungsfähigkeit abhängig sind. Dies spricht für eine entsprechende Erweiterung des Tatbestandes.

Klärungsbedürftig ist jedoch, inwiefern es für die Vorschrift des
§ 618 Abs. 3 BGB von Bedeutung ist, dass der Dienstvertrag in
der Regel einen persönlichen Einschlag hat, der anderen Verträgen wie dem hier vorliegenden Kaufvertrag mit werkvertraglichem
Bestandteil fehlt.

Darüber hinaus ist fraglich, ob es für die Regelung des § 618 Abs.
3 BGB darauf ankommt, dass der Dienstberechtigte typischerweise eine sozial oder wirtschaftlich stärkere Position innehat als der
Dienstverpflichtete. Auch dieser Aspekt ließe sich nicht ohne weiteres auf andere Vertragsverhältnisse übertragen.

Nur wenn man diese beiden Überlegungen verneint, kann man
daran festhalten, dass das Merkmal »Verletzung der Pflicht des
Dienstberechtigten, Räume, Vorrichtungen oder Gerätschaften, die
er zur Verrichtung der Dienste zu beschaffen hat, so einzurichten
und zu unterhalten, dass der Verpflichtete gegen Gefahr für Leben
und Gesundheit so weit geschützt ist, als die Natur der Dienstleistung es gestattet« durch das Merkmal »Verletzung der Pflicht des
einen Vertragsteils, Räume, Vorrichtungen oder Gerätschaften, die
er zur Erbringung der geschuldeten Leistung des anderen Teils zu
beschaffen hat, so einzurichten und zu unterhalten, dass der andere Teil gegen Gefahr für Leben und Gesundheit so weit geschützt

ist, als es die Natur der geschuldeten Leistung gestattet« ersetzt werden kann.

Zu prüfen bleibt somit nur noch

Prämisse 7: (Subsumierbarkeit unter den erweiterten Tatbestand: SVx → modTBx). Da das Merkmal, das die Subsumtion verhindert hat, im erweiterten Tatbestand durch ein anderes Merkmal ersetzt worden ist, das die Subsumtion des vorliegenden Falles ermöglicht, ist diese Prämisse ohne weiteres zu bejahen.

Daraus ergibt sich die

Konklusion, dass im vorliegenden Fall die Voraussetzungen für den Eintritt der in der Norm vorgesehenen Rechtsfolge erfüllt sind (SVx → RFx).

An diesem Beispiel zeigt sich, dass es im Einzelfall recht schwierig sein kann, eine überzeugende Begründung für eine Analogie zu geben. Es müssen alle Argumente vorgebracht werden, die erforderlich sind, um sämtliche Prämissen für einen gültigen Analogieschluss zu erfüllen.

1.6.5. Schlussbetrachtung zur Analogieproblematik

Als Ergebnis der vorangegangenen Untersuchung kann festgehalten werden, dass es in der Tat ein formallogisch gültiges und der juristischen Problematik gerecht werdendes Schema der Analogiebildung im Rahmen der Rechtsfortbildung gibt. Entscheidend für die Analogiebildung ist aber nicht die Ähnlichkeit des ungeregelten mit den geregelten Sachverhalten, sondern die Gleichheit der Sachverhalte in den rechtlich relevanten Merkmalen, also in den Merkmalen, die für den Eintritt der Rechtsfolge ausschlaggebend sind.

Die bei der Analogiebildung erforderlichen Argumente sind zum überwiegenden Teil nicht formallogischer, sondern rechtspolitischer, axiologischer, hermeneutischer und rechtssystematischer Art. Gleichwohl ist das formallogische Analogieschema durchaus von großem Nutzen. Es gibt der Argumentation eine allgemeingültige Struktur, gliedert sie in sinnvoll aufeinander folgende Argumentationsschritte und weist jedem einzelnen Argument seinen jeweiligen Platz und seine Relevanz im Begründungszusammenhang zu. Das logische Schema sorgt für Transparenz und Systematik in der Diskussion und sichert die Schlüssigkeit der Argumentation.

1.6.6. Anhang: Anmerkung zur teleologischen Reduktion

Neben der Analogie gehört auch die teleologische Reduktion zu den wichtigsten und gebräuchlichsten Methoden der Rechtsfortbildung. Ihrer Zielrichtung nach bildet sie das Gegenstück [234] zum Analogieschluss. Während die Analogie darauf hinausläuft, den Anwendungsbereich einer Norm zu erweitern, indem die Rechtsfolge auch auf Sachverhalte erstreckt wird, die nicht unter den gesetzlichen Tatbestand fallen, wird bei der teleologischen Reduktion der Anwendungsbereich einer Norm verengt: Sachverhalte, die vom Wortlaut des gesetzlichen Tatbestandes klar erfasst sind, werden trotzdem nicht mit der gesetzlichen Rechtsfolge versehen, weil sie vom Regelungszweck des Gesetzes nicht mehr gedeckt sind. Ähnlich wie bei der Analogie handelt es sich also um eine Korrektur des Gesetzes, nur dass hier eine zu weit geratene Formulierung eingeschränkt und dort eine zu eng geratene ausgedehnt wird.

Beispiel für eine teleologische Reduktion:

Nach § 167 Abs. 2 BGB bedarf die Vertretungsvollmacht nicht der Form, die für das Rechtsgeschäft bestimmt ist, auf das sie sich bezieht. Dahinter steht der Gedanke, dass der Vollmachtgeber schon durch die jederzeitige Möglichkeit zum Widerruf der Vollmacht (§ 168 BGB) hinreichend vor unüberlegten Rechtsgeschäften geschützt ist. Der Schutz entfällt jedoch bei Erteilung einer unwiderruflichen Vollmacht. Daher soll in solchen Fällen nach herrschender Meinung die Formfreiheit nicht gelten. Der Anwendungsbereich des § 167 Abs. 2 BGB ist auf die widerrufliche Vollmacht zu beschränken.

Anders als die Analogie wird die teleologische Reduktion allerdings nicht zu den besonderen Schlussformen gezählt. Während nämlich die Aussage einer Norm (Wenn der Tatbestand erfüllt ist, tritt die angegebene Rechtsfolge ein) bei einer Analogie in ihrem Wahrheitsgehalt nicht angegriffen, sondern nur eine weiter gehende, aber damit verträgliche Aussage getroffen wird, bestreitet die teleologische Reduktion gerade die Aussage der Norm (da ihr zufolge nicht immer, wenn der Tatbestand erfüllt ist, auch die angegebene Rechtsfolge eintritt). Sie deckt einen Widerspruch zwischen dem Normzweck, der eine Ungleichbehandlung fordert, und dem Normtext, der eine solche Ungleichbehandlung nicht zulässt, auf. Es handelt sich bei der teleologischen Reduktion somit nicht um ein Schlussverfahren, mit dem man ermittelt, welche Implikationen mit bestimmten Behauptungen verbunden sind, sondern um eine Interpretation, mit der klargestellt werden soll, was mit einer bestimmten normativen Aussage überhaupt »wirklich« (entgegen ihrer Formulierung) gemeint ist.

---

234 s. Kohler-Gehrig, a.a.O., S. 117

Kapitel 2: Der Umkehrschluss

2.1. Juristische Bedeutung des Umkehrschlusses

Das Ziel des Umkehrschlusses ist dem des Analogieschlusses diametral entge-
gengesetzt. Während der Analogieschluss verwendet wird, um die Übertragung
einer Rechtsnorm auf ungeregelte Sachverhalte zu legitimieren, wird der Umkehrschluss gerade umgekehrt dazu eingesetzt, die analoge Anwendung einer
Rechtsnorm zu untersagen.

Beispiel:

Nach § 1601 BGB sind Verwandte in gerader Linie verpflichtet, einander Unterhalt zu gewähren. Das Gesetz beschränkt die Unterhaltspflicht ausdrücklich auf
Verwandte in gerader Linie. Daraus soll sich im Umkehrschluss ergeben, dass
Verwandte in der Seitenlinie einander nicht zum Unterhalt verpflichtet sind, so
dass sich eine analoge Anwendung auf diesen Personenkreis verbietet.[235]

Analogie- und Umkehrschluss scheinen also aus der Nichterfüllung des Tatbestandes widersprüchliche Konsequenzen zu ziehen – der eine verhängt die
Rechtsfolge auch im ungeregelten Fall, der andere versagt sie. Angesichts dieser
Situation hat *Kelsen*[236] beide Schlussformen für wertlos gehalten. Sie könnten
beliebig gegeneinander ausgetauscht werden. Deshalb sei in der Jurisprudenz
letztlich jedes gewünschte Ergebnis mit logischen Mitteln zu begründen, wor-
an sich zeige, dass die formale Logik für die juristische Diskussion ohne jede
Bedeutung sei.

Diese Kritik ist aber bei näherer Betrachtung zurückzuweisen[237]. Der Umkehrschluss geht von der Voraussetzung aus, dass die in Frage stehende Rechts-

---

235 s. Kohler-Gehrig, a.a.O., S. 110 f.
236 s. z. B. Kelsen, a.a.O., S. 350
237 Dazu etwa Bydlinski, a.a.O., S. 476; Bund, a.a.O., S. 96 und 190

norm ihrem Normzweck entsprechend nicht so korrigiert werden kann, dass sie auch auf einen vom gesetzlichen Tatbestand nicht erfassten Sachverhalt anwendbar ist[238]. Demgegenüber liegt dem Analogieschluss die Annahme zugrunde, dass die Regelung ihrem Normzweck entsprechend so korrigiert werden kann, dass ihre Rechtsfolge auch auf einen Sachverhalt, der nicht unter den gesetzlichen Tatbestand fällt, übertragen werden kann. Der Analogieschluss unterstellt somit die Zulässigkeit und Bedürftigkeit einer Normkorrektur, der Umkehrschluss verneint dagegen deren Zulässigkeit oder Bedürftigkeit. Beide Schlüsse kommen sich gar nicht ins »Gehege«. Sie stehen nicht gleichberechtigt zur Wahl, sondern sind an unterschiedliche Voraussetzungen gebunden, die dem jeweils anderen Schluss von vornherein entgegenstehen.

2.2.   Logische Struktur und Qualität des Umkehrschlusses

Fraglich ist, ob sich für den Umkehrschluss – ebenso wie im vorangegangenen Kapitel für den Analogieschluss – eine geeignete Formulierung in der Sprache der formalen Logik finden lässt, die Gültigkeit für sich in Anspruch nehmen kann.

Auch hier ist es wieder wichtig, den Schluss so zu rekonstruieren, dass er der juristischen Problematik angemessen ist.

---

238 In solchen Fällen spricht man oft von einer abschließenden Regelung. Ob man das Vorliegen einer abschließenden Regelung allerdings an der Formulierung des Gesetzes festmachen kann, wie die Rechtsprechung zum großen Teil annimmt (s. BVerfGE 65, 183 [191]; 81, 208 [227]; 57, 183 [186]; BGHSt 26, 106 [108]), erscheint zweifelhaft. Eine zunächst abschließend gemeinte Regelung kann im Nachhinein durch einen zwischenzeitlich eingetretenen Wertewandel oder eine Veränderung der gesellschaftlichen Verhältnisse ihren abschließenden Charakter verlieren und nach den heute geltenden Maßstäben analogiefähig werden. Ein Beleg hierfür ist z. B. die Entscheidung des Bundesverfassungsgerichts zu § 569a Abs. 1 und 2 BGB (BVerfGE 82, 612 ff.): In der genannten Vorschrift hat der historische Gesetzgeber die eindeutige Entscheidung getroffen, dass dem Ehegatten und den Familienangehörigen das Recht zusteht, in das Mietverhältnis eines verstorbenen Mieters einzutreten. Es liegt der Umkehrschluss nahe, dass etwaigen anderen Mitbewohnern des verstorbenen Mieters diese Privileg versagt sein soll. Damit wäre eine analoge Anwendung auf nichteheliche Lebenspartner ausgeschlossen. Das Verfassungsgericht hat dem aber entgegen gehalten, dass sich seit Erlass des Gesetzes die Lebensverhältnisse gewandelt haben und nichteheliche Lebensgemeinschaften sozialüblich geworden seien, so dass sich durch die Beschränkung des Gesetzes auf den Schutz des Ehepartners eine Gesetzeslücke aufgetan habe. Die Formulierung eines Gesetzes kann somit lediglich ein Indiz, aber keine hinreichende ausreichende Begründung für die Annahme einer abschließenden Regelung sein.

2.2.1. Stand der Diskussion

Anders als beim Analogieschluss liegen die Meinungen zum Umkehrschluss nicht weit auseinander. Stellvertretend für viele sollen deshalb an dieser Stelle nur zwei logischen Rekonstruktionen behandelt werden: der klassisch-prädikatenlogische Ansatz von *Schneider* und die aussagenlogische Untersuchung von *Bund*:

2.2.1.1. *Schneiders* Ansatz[239]

Schneider geht von folgendem Beispiel aus:

Es ist zu prüfen, ob ein Verein mehrere Sitze haben kann. § 7 Abs. 2 BGB gesteht nur natürlichen Personen mehrere Wohnsitze zu. Eine analoge Anwendung der Vorschrift auf Vereine könnte mit einem Umkehrschluss unterbunden werden. Die Gedankenfolge beim Umkehrschluss ist wie folgt nachzuzeichnen:

Natürliche Personen können mehrere (Wohn)Sitze haben.
Also: Nicht natürliche Personen können nicht mehrere (Wohn)Sitze haben.

Setzt man für den Begriff »natürliche Personen« das Zeichen »S« und für den Ausdruck »berechtigt, mehrere (Wohn)Sitze zu haben« das Zeichen »P« ein, ergibt sich in der Sprache der klassischen Logik die Formel:

Alle S sind P
Alle Nicht-S sind Nicht-P

Dabei handelt es sich nicht um einen Syllogismus, sondern um einen so genannten unmittelbaren Schluss, bei dem die Konklusion nur auf einen einzigen Obersatz gestützt wird. Allerdings handelt es sich im vorliegenden Fall um einen ungültigen Schluss. Nur unter der Voraussetzung, dass S und P deckungsgleich sind und miteinander vertauscht werden können, ohne dass sich der Wahrheitswert der Aussage ändert[240], ist die Schlussfolgerung korrekt. Fügt man diese Vertauschung (Konversion) als explizite Prämisse ein, erhält man folgenden Schluss:

Alle S sind P
Alle P sind S
Alle Nicht-S sind Nicht-P.

---

239 Schneider/Schnapp, a.a.O., S. 151 ff.
240 Eine solche Vertauschung von Subjekt und Prädikat nennt man Konversion.

Genauer betrachtet, ergibt sich die Schlussfolgerung aber schon allein aus der zweiten Prämisse:

<u>Alle P sind S</u>
Alle Nicht-S sind Nicht-P.

Die erste Prämisse wird nur insofern benötigt, als sie den Inhalt der Norm wiedergibt: Allen S-Subjekten wird das Prädikat P zugesprochen. Der entscheidende Schritt folgt dann durch Einführung der zweiten Prämisse. Durch sie wird der Norminhalt so interpretiert, dass alle Gegenstände, denen das Prädikat P zukommt, S-Subjekte sind. Daraus lässt sich auf gültige Weise folgern, dass allen Gegenständen, die keine S-Subjekte sind, das Prädikat P abgesprochen werden muss.

Dieser gültige Schluss hat jedoch, wie *Schneider* feststellt, den Nachteil, dass damit kein Beitrag mehr zur Lösung der juristischen Problematik geleistet wird. Was erst im Wege der Schlussfolgerung herausgefunden werden sollte, nämlich ob die beiden Klassen S und P umfangsgleich sind und demzufolge alle Gegenstände, die aus der einen Klasse (natürliche Personen) herausfallen, auch nicht der anderen Klasse (berechtigt, mehrere Wohnsitze zu haben) angehören können, wird bereits als explizite Prämisse eingeführt. Die Umkehrbarkeit ist damit nicht das Ergebnis einer logischen Operation, sondern eine außerlogische Festlegung[241]. Mit welchem Recht diese Festlegung erfolgt, entzieht sich der formallogischen Prüfung.

Daraus ergibt sich die Konsequenz: Wer Vereinen das Recht absprechen will, mehrere Wohnsitze zu haben, kann sich nicht auf einen Umkehrschluss aus § 7 Abs. 2 BGB berufen, sondern muss die Unübertragbarkeit des Gesetzes mit Hilfe der Gesetzesauslegung begründen. Der Umkehrschluss stellt dann nur noch das Ergebnis des Gedankenganges in einer Kurzfassung dar, hat aber keinen eigenständigen argumentativen Wert.[242]

---

241 Die Entscheidung fällt, wie Schneider/Schnapp, a.a.O., S. 157, sagt, schon *vor* dem Schlussverfahren.
242 Erstaunlich ist es, dass Schneider gar nicht den Versuch unternimmt, den Umkehrschluss parallel zu seinem Schema des Analogieschlusses als Wahrscheinlichkeitsschluss zu konstruieren, etwa in der Form »Alle M sind P«, »Alle S sind M unähnlich«, also wahrscheinlich: »Alle S sind Nicht-P«. Da hier allerdings schon die probabilistische Fassung des Analogieschlusses abgelehnt wird, braucht dem Gedanken eines probabilistischen Umkehrschlusses nicht weiter nachgegangen zu werden.

2.2.1.2. *Bund*s Rekonstruktion[243]

Bund kommt zu einem ähnlichen Ergebnis wie *Schneider*, nur dass er seine Analyse auf dem Boden der Aussagenlogik durchführt.

Für die Darstellung des Umkehrschlusses kommen ihm zufolge drei Schlussschemata in Betracht.

- Das erste arbeitet mit der Implikation: $(p \rightarrow q)$; $\neg p \Vdash \neg q$,
- das zweite verwendet die Replikation: $(p \leftarrow q)$; $\neg p \Vdash \neg q$[244] und
- das dritte basiert auf der Äquivalenz: $(p \leftrightarrow q)$; $\neg p \Vdash \neg q$.

Logisch gültig sind nur das zweite und das dritte Schema. Das erste stellt eine unzulässige Schlussfolgerung vom Bedingten auf das Bedingende (einen so genannten Kehrsatz) dar.

Somit ist der Umkehrschluss aus logischen Gründen untersagt, wenn die Beziehung zwischen Tatbestand und Rechtsfolge als Implikation einzustufen ist. Bei einem Implikationsverhältnis kann nicht ausgeschlossen werden, dass die Rechtsfolge auch dann eintritt, wenn der Tatbestand nicht erfüllt ist. Bei einer Implikation ist der Weg zur analogen Anwendung der Rechtsvorschrift offen.

Nur wenn sich die Relation zwischen Tatbestand und Rechtsfolge als Replikation bzw. Äquivalenz darstellt, ist ein logisch korrekter Umkehrschluss möglich[245].

Welche Beziehung tatsächlich zwischen Tatbestand und Rechtsfolge herrscht – Implikation oder Replikation bzw. Äquivalenz – ist, wie *Bund* betont, eine juristische Auslegungsfrage[246]. Sie kann mit logischen Mitteln nicht entschieden werden.

---

243 Bund, a.a.O., S. 96 f.; ähnlich: Herberger/Simon, a.a.O., S. 61

244 Der Replikations-Junktor »←« ist umgangssprachlich als »nur wenn« zu lesen.

245 Unverständlich ist es, wieso Bund, a.a.O., S. 190 (im Gegensatz zu seinen Ausführungen auf S. 96), die Auffassung vertritt, bei Vorliegen einer Replikation oder Äquivalenz habe man die Wahl zwischen Analogie und Umkehrschluss. Es komme dann auf teleologische Erwägungen an, für welche Argumentationsweise man sich entscheide. Wenn die Replikation und die Äquivalenz einen gültigen Umkehrschluss begründen, ist damit die Analogie ausgeschlossen. Umgekehrt setzt die Analogie gerade die Implikation und die Unmöglichkeit der Replikation und der Äquivalenz voraus, weil sonst die Rechtsfolge nicht mit einem anderen Sachverhalt als dem im gesetzlichen Tatbestand beschriebenen verknüpft werden könnte.

246 Zweifelhaft ist allerdings, ob man bisweilen schon der Formulierung einer Vorschrift (etwa der Verwendung des Wortes »nur« in § 2 AGBG) klar entnehmen kann, dass zwischen Tatbestand und Rechtsfolge die Beziehung einer Replikation herrscht, wie Bund, a.a.O., S. 96 f., meint. Wie er auf S. 190 selbst ausführt, kann die Formulierung des historischen Gesetzgebers ihre Indizwirkung verlieren, wenn der Rechtsanwender eine vom Gesetzgeber übersehene ähnliche Fallgestaltung erkennt.

2.2.2. Genauere Betrachtung der Schlussstruktur

Wenn *Schneider* den Umkehrschlusses im Rahmen der aristotelisch-scholastischen Logik als Konversion einordnet, die nur unter besonderen Bedingungen zulässig ist, und *Bund* ihn im Rahmen der Aussagenlogik als Replikation oder Äquivalenz versteht, so ist dies grundsätzlich nicht zu beanstanden. Um aber die Konsequenzen zu erkennen, die damit für die juristische Diskussion über die Zulässigkeit oder Unzulässigkeit einer Analogie verbunden sind, müssen die Prämissen des Umkehrschlusses noch differenzierter herausgearbeitet und denen des Analogieschlusses gegenübergestellt werden.

Auszugehen ist daher zunächst von dem oben entwickelten Schema des Analogieschlusses:

Es gibt einen Sachverhalt x, für den gilt:

1.	$TBx \rightarrow RFx$	(Norminhalt)
2.	$SVx \rightarrow \neg TBx$	(Nichtsubsumierbarkeit)
3.	$SVx \rightarrow \neg ([altTBx \rightarrow RFx] \wedge \neg[altTBx \rightarrow \neg RFx])$	(Ungeregeltheit)
4.	$\neg(\neg TBx \rightarrow \neg RFx)$	(kein Analogieverbot)
5.	$TBx \rightarrow modTBx$	(Tatbestands-
6.	$modTBx \rightarrow RFx$	erweiterung)
7.	$SVx \rightarrow modTBx$	(Subsumierbarkeit)

$$SVx \rightarrow RFx \qquad \text{(Analogie)}$$

Dabei bedeuten:

SV	=	Erfüllung bestimmter Sachverhaltsmerkmale
TB	=	Erfüllung der Tatbestandsmerkmale der Norm
altTB	=	Erfüllung der Tatbestandsmerkmale einer alternativen Norm
modTB	=	Erfüllung modifizierter Tatbestandsmerkmale
RF	=	Erfüllung der Voraussetzungen für den Eintritt der Rechtsfolge.

Fraglich ist, welche Prämissen in diesem Schlussschema eliminiert, modifiziert oder substituiert werden müssen, um einen gültigen Umkehrschluss zu erhalten, mit dem die Rechtsfolge einer Norm versagt werden kann, wenn ein Sachverhalt den Tatbestand der Norm nicht erfüllt. Grundsätzlich ergeben sich drei Möglichkeiten.

1.) Replikationsverhältnis zwischen Tatbestand und Rechtsfolge

Man kann Prämisse 1 des Analogieschemas, die Wiedergabe des Norminhalts, so abwandeln, dass die Tatbestandserfüllung nicht nur hinreichende, sondern notwendige Bedingung für den Eintritt der Rechtsfolge ist. Dann braucht man nur noch Prämisse 2 des Schemas, die Feststellung der Nichtsubsumierbarkeit, um den folgenden Umkehrschluss zu bilden:

$$TBx \leftarrow RFx$$
$$SVx \nrightarrow \neg TBx$$
$$SVx \nrightarrow \neg RFx$$

2.) Analogieverbot

Eine weitere Möglichkeit besteht darin, Prämisse 4 des Analogieschemas, die Negation eines Analogieverbots, zu verneinen, also ein Analogieverbot anzunehmen. An die Stelle des Satzes »$\neg(\neg TBx \rightarrow \neg RFx)$« tritt dann der Satz »$\neg TBx \rightarrow \neg RFx$«. Dies ist aber nur eine andere Formulierung für die Replikation »$TBx \leftarrow RFx$«, so dass dieser Ansatz im Ergebnis mit dem ersten identisch zu sein scheint.

Dies beruht jedoch nur auf einer ungenauen Ausdrucksweise. Im Analogieschema bezieht sich das Prädikat »RF« auf die Erfüllung der Voraussetzungen für den Eintritt einer Rechtsfolge mit einem bestimmten Inhalt. Diese Rechtsfolge kann, wie man an Prämisse 3 des Schemas sieht, grundsätzlich noch in anderen Normen vorkommen, weshalb die Subsumierbarkeit des anstehenden Falles unter eine andere Norm mit gleicher Rechtsfolge besonders geprüft werden muss. Das Analogieverbot untersagt indes nur die Anwendung der Rechtsfolge einer bestimmten Norm, wenn ein Sachverhalt den Tatbestand dieser Norm nicht erfüllt. Es lässt die Frage, ob eine inhaltsgleiche Rechtsfolge nach einer anderen Norm verhängt werden kann (die möglicherweise nicht unter dem Analogieverbot steht), offen. Legt man dagegen beim Replikationsverhältnis, um es vom Analogieverbot zu unterscheiden, das gleiche Verständnis des Prädikats »RF« wie im Analogieschema zugrunde, schließt man bei Nichterfüllung des Tatbestandes der geprüften Norm den Eintritt einer Rechtsfolge des bestimmten Inhalts schlechthin aus. Während das Analogieverbot also nur die Erweiterung des Tatbestands einer bestimmten Norm verbietet, negiert die Annahme eines Replikationsverhältnisses darüber hinaus noch das Bestehen einer Tatbestandsalternative[247].

Um diesen Unterschied im logischen Schema zum Ausdruck zu bringen, kann man für das engere Verständnis des Prädikats »RF« beim Analogieverbot ein besonderes Symbol einführen:

normRF = Erfüllung der Voraussetzungen für den Eintritt der Rechtsfolge dieser Norm

---

247 Auf die für diesen Umkehrschluss notwendige Prämisse, dass es auch keine andere Norm gibt, die für den vorliegenden Fall die fragliche Rechtsfolge vorsieht, macht zutreffend Puppe, a.a.O., S. 99, aufmerksam.

Der Umkehrschluss lautet dann:

TBx ← normRFx
$\underline{SVx \rightarrow \neg TBx}$
SVx → ¬normRFx

3.) Ablehnung der Analogie im Einzelfall

Als dritte Möglichkeit bietet sich die Negation von Prämisse 6 des Analogieschemas an, also die Verneinung der Tatbestandskorrektur. Es wird zunächst ein modifizierter Tatbestand gebildet, der die der Subsumtion entgegen stehenden Merkmale nicht mehr enthält (Prämisse 5 des Analogieschemas). Dann wird im Unterschied zum Analogieschema bestritten, dass die Erfüllung des modifizierten Tatbestandes nach dem Sinn und Zweck der Norm ausreicht, den Eintritt der Rechtsfolge zu begründen.

TBx → normRFx[248]
SVx → ¬TBx
TBx → modTBx
SVx → modTBx
¬ (modTBx → normRFx)
¬ (SVx → normRFx)[249]

Je nachdem, welche der drei Varianten man wählt, um im konkreten Fall eine Analogie abzulehnen, muss man unterschiedliche Argumentationswege beschreiten, die unterschiedlich hohe Anforderungen stellen.

Zu 1.) Argumentationsanforderungen bei der Replikationsthese

Die Annahme, eine bestimmte inhaltliche Rechtsfolge stehe in einem alternativlosen Verhältnis zum Tatbestand einer bestimmten Norm und könne daher nur eintreten, wenn der Tatbestand dieser Norm erfüllt ist, wirft in der Regel die größten Begründungsschwierigkeiten auf. Für ihre Verifikation muss zunächst der negative Beweis erbracht werden, dass sich die fragliche Rechtsfolge aus

---

248 Wenn man in diesem Schema statt des Prädikats »normRF« das Prädikat »RF« verwenden will, muss man, um den Schluss »¬ (SVx → RFx)« zu ermöglichen, noch ausschließen, dass es eine andere Norm mit inhaltsgleicher Rechtsfolge gibt, deren Tatbestand der vorliegende Sachverhalt erfüllt, also den ersten Teil von Prämisse 3 des Analogieschemas aufnehmen: SVx → ¬ (altTBx → RFx).

249 Für den logischen Schluss reichen zwar die letzten beiden Prämissen aus, die vorangehenden werden jedoch benötigt, um den juristischen Argumentationsgang nachzuzeichnen, der bis zu diesem Schluss führt.

keiner anderen als der in Rede stehenden Norm ergeben kann. Viele Rechtsnormen weisen jedoch nur verschiedene Tatbestände, aber letztlich inhaltsgleiche Rechtsfolgen auf (Schadensersatz, Verjährung, Gebührenpflicht, Erlaubnis oder Versagung, Geld- oder Freiheitsstrafe usw.). In solchen Fällen ist die Replikationsthese schnell widerlegt[250].

Selbst wenn man aber unter bestimmten Umständen davon ausgehen darf, dass sich in der gesamten Rechtsordnung keine andere als die in Rede stehende Norm findet, aus der sich die bestimmte Rechtsfolge ergeben kann, muss darüber hinaus noch dargelegt werden, warum die in der Norm vorgesehene Rechtsfolge auf keinen Sachverhalt übertragen werden darf, der nicht den Tatbestand der Norm erfüllt. Dies ist genau die Frage, die bei der Annahme eines Analogieverbots zu beantworten ist. Die Replikationsthese enthält somit die gesamte Begründungsproblematik eines Analogieverbots in sich, wirft aber durch die weitergehende Behauptung, keine andere als die in Rede stehende Norm enthalte die in Betracht gezogene Rechtsfolge, noch zusätzliche Begründungsprobleme auf.

Der praktische Nutzen des auf der Replikationsthese basierenden Umkehrschlusses ist demgegenüber gering. Dies liegt vor allem daran, dass dieser Schluss weit über das eigentliche Argumentationsziel hinausschießt.

Das Argumentationsziel besteht darin, die analoge Anwendung einer Norm zu verhindern, nachdem man die direkte Anwendung dieser Norm ausgeschlossen hat. Bei der Analogiebildung geht es lediglich darum, die Rechtsfolge einer bestimmten Norm in Übereinstimmung mit dem Sinn und Zweck dieser Norm auf einen Sachverhalt zu übertragen, der den Tatbestand der Norm nicht erfüllt. Ob es grundsätzlich möglich ist, eine inhaltsgleiche Rechtsfolge auch nach anderen Normen und deren Sinn und Zweck zu verhängen, steht allenfalls insoweit zur Debatte, als es keiner Analogiebildung bedarf, wenn für den zu entscheidenden Fall solche Normen einschlägig sind (s. Prämisse 3 des Analogieschemas), da die direkte Anwendung einer Norm immer Vorrang vor der analogen Anwendung einer anderen hat, wenn beide zum gleichen Ergebnis führen. Auf keinen Fall jedoch stellt der Befürworter einer Analogie die generelle Behauptung auf, es gebe noch irgendwelche anderen Normen – einschlägige oder nicht einschlägige – mit inhaltsgleicher Rechtsfolge. Dementsprechend braucht auch der Gegner einer Analogiebildung keine diesbezügliche Gegenbehauptung aufzustellen und zu begründen. Damit würde er sich nur einen überflüssigen Argumentationsaufwand aufbürden und seine Position leichter angreifbar machen, als es nötig ist. Sobald man ihm eine andere Norm mit gleicher Rechtsfolge entgegenhalten

---

250 Anders als bei Prämisse 4 im Analogieschema (der Frage nach einer anderen einschlägigen Norm), muss hier nicht mehr dargelegt werden, dass der konkret zu prüfende Fall unter die andere Norm mit der gleichen Rechtsfolge fällt. Es reicht bereits aus, dass es überhaupt eine andere Norm mit inhaltsgleicher Rechtsfolge gibt, um die Replikationsthese zu Fall zu bringen.

könnte, wäre er bereits widerlegt, obwohl damit die Kernfrage, ob die in Betracht gezogene Norm eine analoge Anwendung zulässt, noch gar nicht angesprochen wäre.

Die mit der Replikationsthese aufgestellte Behauptung, in der ganzen Rechtsordnung gebe es keine andere Norm mit gleicher Rechtsfolge, erweist sich somit als unnötiger Ballast. Dies dürfte der Grund dafür sein, dass der auf der Replikationsthese beruhende Umkehrschluss in der praktischen juristischen Diskussion in der Regel keine Verwendung findet[251].

Zu 2.) Argumentationsanforderungen bei der Annahme eines Analogieverbots

Erheblich mehr praktische Relevanz hat der mit einem Analogieverbot operierende Umkehrschluss. Hinsichtlich der damit verbundenen Argumentationsanforderungen gilt es allerdings, zwei Fallvarianten zu unterscheiden:

- Entweder beruft man sich auf eine selbständige Analogieverbotsnorm mit eigenem Normzweck (wie etwa beim strafrechtlichen Analogieverbot zu Lasten des Betroffenen, Art. 103, Abs. 2 GG; § 1 StGB)
- oder man stützt sich auf eine Interpretation der Ausgangsnorm selbst, indem man sie als abschließende Regelung auffasst (wie die h. M. bei § 1601 BGB – Unterhaltspflicht zwischen Verwandten gerader Linie).

Im ersten Fall verläuft die Argumentation nach dem Muster einer Subsumtion: Man muss darlegen, aus welchen Gründen die Ausgangsnorm in den Anwendungsbereich der Analogieverbotsnorm fällt. Wenn diese Subsumtion gelingt, ist es unerheblich, ob der zu entscheidende Sachverhalt nach dem Sinn und Zweck der Ausgangsnorm genauso behandelt werden müsste wie die Sachverhalte, die den Tatbestand der Norm erfüllen. Der Sinn und Zweck der Analogieverbotsnorm wirkt insoweit als Korrektiv des Gleichbehandlungsgrundsatzes und geht dem Sinn und Zweck der Ausgangsnorm vor[252]. Daher gehört die Analogieverbotsnorm in der Regel höherrangigem Recht an oder macht übergreifende Rechtsprinzipien für einen bestimmten Normkomplex geltend (wie etwa beim Grundsatz des Gesetzesvorbehalts bei der Eingriffsverwaltung).

Anders verhält es sich im zweiten Fall. Hier muss das Analogieverbot gerade mit der ratio legis der Ausgangsnorm begründet werden. Bisweilen kann man

---

251 Dies wird bei den üblichen Darstellungen des Umkehrschlusses in der juristischen Logik (z. B. auch bei Bund, s. o. 2.2.1.2) häufig übersehen.
252 Wer etwa im Fall des § 243 Abs. 1 Nr. 1 StGB davon überzeugt wäre, dass das Eindringen mit einem richtigen Schlüssel genauso zu bewerten sei wie das Eindringen mit einem falschen Schlüssel oder einem anderen, nicht zur ordnungsgemäßen Öffnung bestimmten Werkzeug, wäre trotzdem wegen Art. 103 Abs. 2 GG an einer Übertragung der Rechtsfolge gehindert.

zwar auf die Vorstellungen des historischen Gesetzgebers rekurrieren[253], doch kommt diesen Vorstellungen allenfalls Indizwirkung zu, die sich umso mehr abschwächt, je älter das Gesetz ist. Manchmal findet man auch Anhaltspunkte in der Formulierung des Gesetzes, doch sind gesetzliche Formulierungen immer auslegungsbedürftig[254]. Letztlich entscheidend ist der Zweck der Norm. Daher kommt es auch beim Rekurs auf die Entstehungsgeschichte maßgeblich auf die sachlichen Gründe an, die hinter den Vorstellungen des historischen Gesetzgebers[255] stehen, und auf die Frage, inwiefern diese Gründe nach wie vor Geltung beanspruchen können. Wer behauptet, eine bestimmte Regelung habe abschließenden Charakter, ist dafür begründungspflichtig. Er muss darlegen, dass es nach den einschlägigen Werten, Zielen und Grundsätzen, die der Regelung zugrunde liegen, keine Erweiterung des Anwendungsbereichs geben darf.

Damit sieht er sich indes mit der Schwierigkeit eines negativen Beweises konfrontiert: Er muss aufzeigen, dass es nach der ratio legis unmöglich ist, die Rechtsfolge auf einen Sachverhalt zu übertragen, der nicht vom Tatbestand der Norm erfasst wird, obwohl es grundsätzlich eine unendliche Fülle möglicher – auch künftiger – Sachverhalte gibt, die sich zum großen Teil seiner Vorstellungskraft entziehen und daher in die Prüfung gar nicht einbezogen werden können. Schon oft haben sich Regelungen, die man für abgeschlossen gehalten hat, als erweiterungsbedürftig erwiesen, weil sich die tatsächlichen Verhältnisse geändert haben[256]. Der Rechtsanwender steht hier vor einem ähnlichen Problem wie der Gesetzgeber: Er kann letztlich nie ganz ausschließen, dass er bestimmte Fallgestaltungen übersehen hat, die nach den einschlägigen Werten, Zielen und Grundsätzen der Rechtsordnung eine Gleichbehandlung erfordern.

Die Behauptung, eine Regelung sei abschließend, kann daher immer nur einen vorläufigen Erkenntnisstand wiedergeben, der jederzeit korrigierbar ist. Bei jeder neuen Fallgestaltung, die aus sachlichen Gründen eine Ausweitung des Tatbestands nahe legt, muss dieser Standpunkt neu überprüft werden. Auf keinen Fall kann die Berufung auf den abschließenden Charakter einer Norm als Ersatz für sachliche Gründe dienen. Vielmehr muss mit argumentativen Mitteln dargelegt werden, warum im gegebenen Fall im Hinblick auf den Zweck der Norm eine Analogiebildung abzulehnen ist.

---

253 genauer gesagt, auf bestimmte Quellen, die auf die Vorstellungen maßgeblich am Gesetzgebungsverfahren beteiligter Personen oder Organe schließen lassen
254 So erklärt z. B. § 1 Abs. 1 S. 2 Justizvergütungs- und -entschädigungsgesetz ausdrücklich: »Eine Vergütung oder Entschädigung wird nur nach diesem Gesetz gewährt.« Dies muss aber nicht so verstanden werden, dass bei allen nachfolgenden Vergütungs- und Entschädigungsregelungen eine analoge Anwendung ausgeschlossen sein soll. Vielmehr kann auch lediglich die Klarstellung gemeint sein, dass die nachfolgenden Vergütungs- und Entschädigungsregelungen Spezialvorschriften sind, die konkurrierende allgemeine Vorschriften verdrängen.
255 s. Fußnote 238
256 s. Fußnote 238

Im Unterschied zur ersten Fallvariante läuft daher die zweite in der praktischen juristischen Diskussion auf eine Ablehnung der Analogie im Einzelfall hinaus.

Zu 3.) Argumentationsanforderungen bei der Ablehnung einer Analogie im Einzelfall

Die Ablehnung einer Analogie im Einzelfall ist nichts anderes als die Behauptung, dass es im konkreten Fall keine ausreichenden Gründe für die analoge Anwendung einer bestimmten Norm gibt. Hier wird keine generelle Aussage über die Analogiefähigkeit einer Norm getroffen, sondern lediglich eine bestimmte analoge Anwendung der Norm ausgeschlossen. Die Grundthese lautet: Wenn das Merkmal, an dem die Subsumtion gescheitert ist, aus dem Tatbestand der Norm entfernt wird (entweder dadurch, dass es ersatzlos gestrichen, oder dadurch, dass es gegen ein anderes Merkmal ausgetauscht wird, das den kleinsten gemeinsamen Nenner zwischen dem ungeregelten Fall und den geregelten Fällen bildet), lässt sich der Eintritt der Rechtsfolge nicht mehr mit den gleichen rechtspolitischen, axiologischen und rechtssystematischen Argumenten rechtfertigen wie vorher.

Bei der Begründung dieser These befindet man sich in einer komfortablen Position. Die primäre Beweislast liegt beim Befürworter einer Analogie: Er muss eine überzeugende Begründung für die Gleichbehandlung des ungeregelten Falles mit den geregelten Fällen geben. Der Gegner kann sich mit einer destruktiven Argumentationsweise genügen. Er braucht nur darzulegen, dass die vom Befürworter vorgetragenen Gründe nicht ausreichen, um eine Analogie zu rechtfertigen. Er braucht nur Lücken in der Argumentation des anderen aufzuzeigen oder selbst Lücken aufzureißen, indem er einzelne Argumente, die notwendig sind, um eine Analogie zu begründen, entkräftet. Nur wenn er eine andere Auffassung zum Sinn und Zweck der Norm vertritt und seine Ablehnung der analogen Anwendung allein darin begründet liegt, befindet er sich in der gleichen Position wie der Analogiebefürworter: Beide müssen dann ihre jeweilige Auslegung positiv mit Rückgriff auf die einschlägigen Ziele, Werte und Grundsätze der Rechtsordnung begründen und prüfen, wer von ihnen die besseren Argumente für sich beanspruchen kann.

2.2.3. Schlussbetrachtung zum Umkehrschluss

Als Ergebnis bleibt festzuhalten, dass sich hinter dem Begriff »Umkehrschluss« mehrere Argumentationsformen verbergen, die zwar alle das gleiche Ziel haben, nämlich zu verhindern, dass die Rechtsfolge einer Norm auf einen Sachverhalt erstreckt wird, der nicht unter den Tatbestand der Norm fällt, aber unterschiedliche Prämissen mit unterschiedlicher Reichweite aufstellen und demzufolge unterschiedliche Argumentationsanforderungen zu erfüllen haben. Für die juristische Diskussion geeignet sind, wie sich gezeigt hat, nur zwei dieser Argumentationsformen: der Umkehrschluss, der sich auf die Anwendbarkeit einer Analogieverbotsnorm beruft, und der Umkehrschluss, der im konkreten Fall die Begründbarkeit einer Rechtsfolgenübertragung nach dem Normzweck bestreitet. Im letzten Fall reichen die Gründe für eine analoge Anwendung nicht aus, im ersten lassen sich übergeordnete Gegengründe anführen.

Will man eine Analogie verneinen, ohne ein Analogieverbot heranziehen zu können, bleibt einem nach diesem Ergebnis nichts anderes übrig, als sich auf eine Diskussion über den konkreten Einzelfall einzulassen und mit dem Befürworter einer Analogie im Detail darüber zu streiten, ob im ungeregelten Fall die gleiche Rechtsfolge angebracht ist wie in den geregelten Fällen.

Kapitel 3: Größenschluss und Stärkenschluss

3.1. Meinungsstand

3.1.1. Allgemeiner Überblick

Der Größenschluss, auch »Erst-Recht-Schluss« genannt, gehört zu den umstrittensten Argumentationsverfahren in der juristischen Diskussion. Er kommt in zwei Ausprägungen vor: dem Schluss vom Größeren aufs Kleinere (a maiore ad minus) und dem Schluss vom Kleineren aufs Größere (a minore ad maius).

Beispiel für den Schluss vom Größeren aufs Kleinere:

Nach §§ 350, 351 BGB a.F. war der Rücktritt vom Vertrag nicht dadurch ausgeschlossen, dass der Gegenstand, den der Berechtigte empfangen hatte, durch Zufall untergegangen war. Dies sollte erst recht gelten, wenn der Gegenstand nicht untergegangen, sondern nur beschädigt war, weil die Beschädigung als Minus im Untergang enthalten sei[257].

Beispiel für den Schluss vom Kleineren aufs Größere:

Wenn ein Darlehen mit 30% Jahreszinsen verboten ist, dann ist ein Darlehen mit 40% Jahreszinsen erst recht verboten[258].

---

257 Beispiel von Kohler-Gehrig, a.a.O., S. 115 f. Nach neuem Rücktrittsrecht hat dagegen der Rücktrittsgegner bei Verschlechterung oder Untergang des vom Berechtigten empfangenen Gegenstandes generell einen Wertersatzanspruch in Höhe des Verkehrswertes unter Berücksichtigung der vertraglichen Gegenleistung (§ 346 Abs. 2 S. 1 Nr. 3, S. 2 BGB). Insoweit haben sich offensichtlich die Wertvorstellungen geändert.
258 s. zu diesem Beispiel Alchourrón, Carlos E., Juristische Schlüsse a fortiori und a pari, Archiv für Rechts- und Sozialphilosophie, Beiheft n.F. Nr. 4, 1965, S. 5 ff.

Bei der Frage, ob die beiden Ausprägungen des Größenschlusses tatsächlich strukturelle Unterschiede aufweisen[259] oder nur ein und denselben Gedankengang aus unterschiedlichen Perspektiven nachzeichnen[260], fangen bereits die Meinungsverschiedenheiten an. Sie setzen sich dann bei der Frage, in welchem Verhältnis der Größenschluss zu den übrigen besonderen juristischen Schlussformen steht, fort. Während ein Teil die Ansicht vertritt, dass der Größenschluss mit dem Schluss vom Stärkeren aufs Schwächere (argumentum a fortiori), identisch ist[261], hält ein anderer Teil die beiden Schlussformen streng auseinander[262]. Ähnliches gilt für die Beziehung zur Analogie. Viele betrachten den Größenschluss lediglich als einen Spezialfall der Analogie[263], andere sehen in ihm eine eigenständige Schlussform[264].

So divergierend wie die Klassifikation der Schlussformen sind auch die Ansichten über ihre logische Qualität. Wer den Größenschluss als Unterart des Analogieschlusses einstuft, verleiht ihm damit die gleiche Gültigkeit, Ungültigkeit oder Wahrscheinlichkeit, die er dem Analogieschluss zuerkennt[265]. Gleiches gilt für das Verhältnis zum argumentum a fortiori: Wer den Größenschluss mit dem Stärkenschluss zusammenfallen lässt, beurteilt auch die Gültigkeitsfrage der beiden Schlüsse übereinstimmend[266]. Wer dagegen alle Schlüsse gegeneinander abgrenzt, muss ihre Gültigkeit jeweils gesondert untersuchen[267].

Bei näherer Betrachtung zeigt sich jedoch, dass sich die gegensätzlichen Auffassungen gar nicht auf dasselbe Argumentationskonzept beziehen. In der Diskussion herrschen völlig unterschiedliche Vorstellungen darüber vor, welche logische Struktur den Größenschluss auszeichnet. In der Regel werden diese Differenzen allerdings nicht offen gelegt, wodurch sich die Diskussion erheblich erschwert. Um die verschiedenen Meinungen zutreffend beurteilen zu können, muss man zunächst herausfinden, von welchem Verständnis des Größenschlusses sie ausgehen, und anschließend fragen, inwieweit dieses Verständnis angemessen ist.

---

259 Davon geht offensichtlich Schneider/Schnapp, a.a.O., S. 159 ff., aus.
260 Diese Ansicht vertritt ausdrücklich Bund, a.a.O., S. 195.
261 z. B. Bund, a.a.O., S. 191 ff.; Larenz, a.a.O., S. 375
262 z. B. Schneider/Schnapp, a.a.O., S. 159 ff.,
263 z. B. Bund, a.a.O., S. 191 ff.
264 z. B. Schneider/Schnapp, a.a.O., S. 159 ff.
265 z. B. Bund, a.a.O., S. 191 ff.
266 ebenda
267 z. B. Schneider/Schnapp, a.a.O., S. 159 ff.

3.1.2.   Die Meinungen im Einzelnen

3.1.2.1.   *Schneiders* Ansatz

Schneider betrachtet den Größenschluss als Subalternationsschluss[268], dem er allerdings wenig praktische Relevanz für die juristische Diskussion zubilligt.[269] Den Schluss vom Größeren aufs Kleinere gibt er wie folgt wieder:

Wenn der Satz »Alle S sind P« wahr ist,
dann ist auch der Satz »Einige S sind P« wahr.

Der Schluss vom Kleineren aufs Größere hat seiner Meinung nach folgende Gestalt:

Wenn der Satz »Einige S sind P« falsch ist,
dann ist auch der Satz »Alle S sind P« falsch.

In beiden Fällen handelt es sich um so genannte unmittelbare Schlüsse (Folgerungen aus nur einer Prämisse), die offensichtlich gültig sind. Dementsprechend unterscheidet *Schneider* sie vom Analogieschluss, den er nur für einen Wahrscheinlichkeitsschluss hält[270], und vom argumentum a fortiori, in dem nur er einen Analogieschluss mit verstärktem Werturteil über die Ähnlichkeit sieht[271].

Die Größen, die im Größenschluss zueinander ins Verhältnis gebracht werden, sind für ihn die Quantoren »alle« und »einige« bzw. die darauf beruhenden unterschiedlichen Reichweiten des Universal- und des Partikularurteils.

Nimmt man diesen Standpunkt ein, kann man dem Größenschluss in der Tat keine nennenswerte Bedeutung in der juristischen Auseinandersetzung beimessen. Es ist in trivialem Sinne analytisch, dass eine Aussage, die auf *alle* Sachverhalte einer bestimmten Art zutrifft, auch auf einen *Teil* der genannten Sachverhalte zutrifft und dass eine Aussage, die für *einige* Sachverhalte einer bestimmten Art *falsch* ist, nicht für *alle* Sachverhalte dieser Art *wahr* sein kann.

Hier setzt allerdings auch die Kritik dieser Vorstellung vom Größenschluss an. Es ist nicht ersichtlich, welche Funktion ein solcher Schluss im Zusammenhang mit der Rechtsfortbildung haben soll. Für den Subalternationsschluss vom Größeren aufs Kleinere gilt: Wenn der zur Entscheidung anstehende Sachverhalt einen Unterfall der Sachverhaltsmenge darstellt, die unter den gesetzlichen

---

268 Schneider/Schnapp, a.a.O., S. 160 ff.
269 Schneider/Schnapp, ebenda
270 Der Größenschluss ist nach Schneider/Schnapp, a.a.O., S. 160, ein Schluss vom Allgemeinen aufs Besondere, der Analogieschluss dagegen ein Schluss vom Besonderen aufs Besondere.
271 Schneider/Schnapp, a.a.O., S. 163

Tatbestand fallen, liegt gar kein Fall der Rechtsfortbildung, sondern eine direkte Anwendung des Gesetzes vor[272].

Beispiel:

Wenn eine Domain im Internet als Name einer natürlichen oder juristischen Person im Sinne von § 12 Abs. 1 BGB anzusehen ist, dann ist aus der Prämisse, dass alle Namen natürlicher oder juristischer Personen schutzwürdig sind, abzuleiten, dass auch eine Domain schutzwürdig ist. Dies ist nur eine Frage der Interpretation und Subsumtion.

Noch weniger Nutzen bringt der Subalternationsschluss vom Kleineren aufs Größere.

Schneiders Beispiel lautet:

Wenn es falsch ist, dass die Polizei auf einige fliehende Diebe schießen darf, dann ist es falsch, dass die Polizei auf alle fliehenden Straftäter schießen darf.

Diese Art der Argumentation steht jedoch in keinerlei Zusammenhang mit der Frage nach der Ausweitung oder Einschränkung einer Norm. *Schneider* ist daher Recht zu geben, wenn er die Irrelevanz des Subalternationsschlusses für die Rechtswissenschaft betont. Zweifelhaft ist jedoch, ob er daraus die richtige Konsequenz zieht. Seines Erachtens wird der Größenschluss nur dazu verwendet, die Mitteilung einer bestimmten Rechtsansicht in die Form eines logischen Schlusses zu kleiden[273]. Eher müsste *Schneider* jedoch seine eigene Position überdenken. Es erscheint fraglich, ob sein Verständnis des Größenschlusses als Subalternationsschluss den juristischen Gedankengang zutreffend wiedergibt. Mit diesem Schlussverfahren kann man nämlich nicht einmal den Anschein erwecken, sein Argumentationsziel – die Rechtfertigung einer Rechtsfortbildung – zu erreichen. Das Verhältnis von Universal- und Partikularurteil gibt dafür einfach nichts her.

---

272 Die Darstellung Schneiders leidet darunter, dass unklar bleibt, wofür die Symbole »S« und »P« stehen sollen: für »Tatbestand« und »Rechtsfolge«, für »Sachverhalt« und »Tatbestand« oder für »Sachverhalt« und »Sachverhaltsmerkmal«.
273 Schneider/Schnapp, a.a.O., S. 162

3.1.2.2. *Klugs* Ansatz

Klug[274] äußert sich zur logischen Struktur des Größenschlusses sehr zurückhaltend. Seiner Auffassung nach könnten die Erst-Recht-Schlüsse auf der Unterscheidung von logisch stärkeren und logisch schwächeren Implikationsschlüssen basieren. Er greift dafür auf die Hilbert-Ackermann-Regel zurück, nach der aus einer bestimmten Ausgangsimplikation (etwa dem Verhältnis von Sachverhaltsmerkmalen und Rechtsfolge: SVx → RFx) alle Implikationsvarianten mit engeren Bedingungen ableitbar sind, etwa die Implikation: Die Rechtsfolge tritt auch ein, wenn ein Fall x die Sachverhaltsmerkmale plus einem Zusatzmerkmal (ZM) aufweist:

$$SVx \to RFx$$
also: $(SVx \wedge ZMx) \to RFx$

Beispiel:

Wenn schon die fahrlässige Herbeiführung eines Schadens einen Anspruch auf Schadensersatz auslöst, dann erst recht die vorsätzliche Herbeiführung eines Schadens.

Der Vorschlag von *Klug* läuft aber im Ergebnis auf den Ansatz von *Schneider* hinaus: Normen, die ein zusätzliches Tatbestandsmerkmal voraussetzen, sind eine Untermenge der Normen, die nur die Grundmerkmale des Tatbestandes voraussetzen. Diese Überlegungen eignen sich allenfalls für eine Einteilung von Normen nach Allgemein- und Sonderregeln, aber nicht als Begründung für eine Rechtsfortbildung. Sie zeigen nicht, wie eine gesetzliche Rechtsfolge auf einen ungeregelten Sachverhalt angewandt werden kann und verfehlen damit das eigentliche Argumentationsziel. So kann man etwa bei § 937 Abs.1 BGB (Ersitzung) nicht an den Tatbestand »Wer eine bewegliche Sache zehn Jahre im Eigenbesitz hat …« das Zusatzmerkmal »die er nicht gutgläubig erworben hat« anfügen und darauf schließen, dass er dann »erst recht« das Eigentum erworben hätte. § 937 Abs. 2 BGB zeigt vielmehr, dass das Zusatzmerkmal zu einer anderen rechtlichen Bewertung – dem Ausschluss der Ersitzung – führt.

Klug[275] ist selbst skeptisch, ob seine Konstruktion mit den Erst-Recht-Argumenten übereinstimmt, die üblicherweise in der juristischen Diskussion verwendet werden, und zweifelt, ob dieser Argumentationstyp überhaupt mit einem formallogisch gültigen Schluss identifiziert werden kann.

---

274 Klug, a.a.O., S. 146 ff.
275 Klug, a.a.O., S. 150 f.

3.1.2.3. *Tammelos* Ansatz

Anders geartet ist demgegenüber der Rekonstruktionsversuch von *Tammelo*[276], der auf ein zahlenmäßiges Mehr oder Minder abstellt. Er hat folgenden Fall in die Diskussion eingeführt:

> Angenommen, es gibt eine Norm, die verbietet, dass *zwei* Personen gleichzeitig ein und dasselbe Fahrrad benutzen. Dann müsste es erst recht verboten sein, dass sich *drei* Personen auf ein Fahrrad setzen.

Dieses Beispiel ist allerdings schlecht gewählt. Wenn drei Personen das Fahrrad benutzen, dann ist darin die Benutzung durch zwei Personen enthalten, also der Verbotstatbestand erfüllt. Es liegt gar kein Fall der Rechtsfortbildung, sondern der unmittelbaren Normanwendung vor.

Abgesehen davon, ist das Rekurrieren auf ein bloßes Zahlenverhältnis äußerst fragwürdig. Wenn der Tatbestand einer Norm eine bestimmte Zahl nennt, kann man diese Zahl nicht ohne weiteres durch eine höhere (oder niedrigere) ersetzen. Dies zeigt deutlich das eingangs genannte Beispiel des Zinsverbots. Aus der Aussage, dass Darlehen mit 30% Jahreszinsen verboten sind, kann man nicht unmittelbar auf die Aussage schließen, dass auch Darlehen mit 40% Jahreszinsen verboten sind. Dafür muss man vielmehr noch die so genannte Erblichkeitsbehauptung aufstellen, dass alle Darlehen, die teurer sind als die verbotenen, ebenfalls verboten sind[277].

Neumann[278] weist an Hand eines ähnlichen, von *Alchourrón*[279] stammenden Beispiels (»Darlehen mit 12% Jahreszinsen sind erlaubt, folglich sind auch Darlehen mit 8% Jahreszinsen erlaubt«) darauf hin, dass Schlüsse dieser Art besonders suggestiv sind, weil man den Ausgangssatz unwillkürlich im Sinne einer Ober- oder Untergrenze versteht: »Darlehen *ab* 30% Jahreszinsen sind verboten« (bzw. in *Neumanns* Beispiel: »Darlehen *bis* zu 12% Jahreszinsen sind erlaubt«). Dies ist aber schon eine Interpretation des Satzes, die nicht auf dem mathematischen Verhältnis der Zinssätze beruht, sondern auf einer rechtlichen Bewertung dieser Zinssätze (hier unter dem Gesichtspunkt des Wuchers).

Entscheidend sind also nicht die Zahlen als solche, sondern die *Gründe*, aus denen die Zahlen im Gesetz stehen. Wenn diese Gründe bei einer höheren (oder – je nach Fallgestaltung – niedrigeren) Zahl noch gewichtiger sind als im Ausgangsfall, kann ein Erst-Recht-Schluss gezogen werden.

---

276 Tammelo, Ilmar, Drei rechtsphilosophische Aufsätze, 1943, S. 31 f.
277 vgl. Herberger/Simon, a.a.O., S. 166, und Neumann, a.a.O., S. 34 f.
278 Neumann, a.a.O., S. 35
279 Alchourrón, a.a.O., S. 5 ff.

3.1.2.4. *Bunds* Ansatz

Diesem Umstand scheint *Bund*[280] Rechnung zu tragen. Seiner Meinung nach weist der Größenschluss die Strukturmerkmale der Analogie auf, zusätzlich aber noch eine weitere Eigenschaft, die seine Überzeugungskraft stärkt: eine Mehr-Minder-Beziehung (größer, stärker, gefährlicher usw.) der Begriffe, die im Ausgangs- und im Konklusionssatz verwendet werden. Die mit den Begriffen beschriebenen Sachverhalte stehen in einer Ordinalskala, die beispielsweise folgende Argumentation ermöglicht:

Wenn der rechtswidrige und schuldhafte Eingriff des Staates in das Eigentumsrecht ein größeres Unrecht darstellt als der rechtswidrige, aber schuldlose Eingriff und dieser wiederum ein größeres Unrecht als die rechtmäßige Enteignung, dann gilt die Entschädigungspflicht, die für die rechtmäßige Enteignung vorgeschrieben ist, erst recht für den rechtswidrigen und schuldhaften Eingriff[281].

Die Argumentation kann, wenn B für die Beziehung »… ist ein größeres Unrecht als …« steht und x, y und z verschiedene Sachverhalte bezeichnen, wie folgt formalisiert werden: $(Bx,y \rightarrow Bx,z) \rightarrow Bx,z$[282].

Bei näherer Betrachtung ist aber auch dieser Lösungsansatz nicht frei von Einwänden. Der Umstand, dass sich verschiedene Sachverhalte unter einem bestimmten Blickwinkel in eine Ordinalskala bringen lassen, besagt noch nichts darüber, ob sie alle mit der gleichen Rechtsfolge zu verknüpfen sind. Wenn Birnen größer sind als Pflaumen und Pflaumen größer sind als Kirschen, dann sind zwar Birnen größer als Kirschen, doch heißt dies nicht, dass, wenn schon Kirschen teuer sind, Birnen erst recht teuer sein müssen. Dafür wäre erst die Prämisse einzuführen, dass sich der Preis nach der Größe der Früchte richtet.

Entsprechend wäre im obigen Beispielsfall zunächst darzulegen, dass die Rechtsfolge Entschädigungspflicht auf dem Unrecht des enteignenden Eingriffs beruht, bevor man darauf schließen kann, dass ein noch größeres Unrecht erst recht die Rechtsfolge der Entschädigungspflicht auslöst. Gerade das ist aber höchst fraglich: Der gesetzlich geregelte Fall der Enteignung stellt nämlich gar kein Unrecht dar – er stimmt mit den Normen der Rechtsordnung vollkommen überein. Es ist wenig überzeugend, die Rechtmäßigkeit staatlichen Handelns

---

280 Bund, a.a.O., S. 191 ff.
281 Bund, a.a.O., S. 194 f.
282 Bund, a.a.O., S. 195. Neben der Transitivität hat die komparative Beziehung noch die Eigenschaft der Asymmetrie: $Bx,y \rightarrow \neg By,x$.

als unterste Stufe der Rechtswidrigkeit anzusehen[283]. Näher liegt vielmehr die Annahme, dass die Entschädigungspflicht bei der rechtmäßigen Enteignung andere Gründe haben muss (z. B. Ausgleich für ein Sonderopfer).

Daraus wird ersichtlich, wie wichtig der Zusammenhang der miteinander verglichenen Größen mit der Begründung der Rechtsfolge ist. Es genügt nicht, irgendwelche quantifizierten oder quantifizierbaren Elemente der miteinander verglichenen Sachverhalte herauszugreifen und festzustellen, in welchem Größenverhältnis sie zueinander stehen. Vielmehr müssen die miteinander verglichenen Größen gerade in der Hinsicht, in der sie miteinander verglichen werden, in einem relevanten Verhältnis zur Rechtsfolge stehen. In diesem Sinne ist der Ansatz von *Bund* weiterzuentwickeln.

3.2.   Weiterentwicklung des Lösungsansatzes von *Bund*

Ausgangspunkt für die weiteren Überlegungen soll folgender Beispielsfall sein.

Nach § 904 S. 1 BGB muss ein Eigentümer die Einwirkung eines anderen auf seine Sache dulden, wenn die Einwirkung zur Abwendung einer gegenwärtigen Gefahr notwendig und der drohende Schaden gegenüber dem aus der Einwirkung dem Eigentümer entstehenden Schaden unverhältnismäßig groß ist (also eine Notstandssituation vorliegt). § 904 S. 2 BGB gesteht dem Eigentümer in einem solchen Fall einen Schadensersatzanspruch zu[284]. Wie ist ein Fall zu beurteilen, bei dem jemand, um sich selbst vor einem herabstürzenden Betonpfeiler und damit vor dem sicheren Tod zu retten, einen anderen zur Seite schubst, der dadurch zu Fall kommt und sich leicht verletzt? Eine direkte Anwendung von § 904 S. 2 BGB scheidet aus. Zwar liegen die Voraussetzungen einer Notstandssituation vor, doch hat die Rettungshandlung keinen Sachschaden herbeigeführt, sondern eine Körperverletzung.

Soll auch eine Körperverletzung im Wege der Rechtsfortbildung einen Anspruch auf Schadensersatz begründen?

---

283 Von einem solchen Standpunkt aus könnte man alle Eingriffsnormen auf der Unrechtsskala eintragen und daraus Erst-Recht-Schlüsse ableiten.

284 Umstritten ist, ob sich der Schadensersatzanspruch gegen den Einwirkenden oder den durch die Rettungshandlung Begünstigten richtet. Nach h. M. haftet in der Regel der Einwirkende (z. B. BGHZ 6, 102; BayObLG 02, 35 (44); Palandt-Bassenge, § 904, Rz. 5; a.M. LG Essen, Neue Zeitschrift für Miet- und Wohnungsrecht 1999, 95), weil er für den Geschädigten leichter zu ermitteln ist. Der Rückgriff des Einwirkenden gegen den Begünstigten richtet sich dann nach den Regeln über die Geschäftsführung ohne Auftrag (§§ 677 ff. BGB) bzw. nach den Regeln über die ungerechtfertigte Bereicherung (§§ 812 ff, BGB).

Erste Voraussetzung dafür ist, dass die mit den Begriffen »Sachschaden« und »Körperverletzung« bezeichneten Sachverhalte im Sinne *Bunds* in einer Mehr-Minder-Beziehung stehen. Ein *direkter* Größenvergleich (wie etwa bei einem Zahlenverhältnis) scheidet dabei aus, da »Körperverletzung« nicht als gesteigerte Form des »Sachschadens« anzusehen ist. Vielmehr muss ein bestimmter Gesichtspunkt eingeführt werden, unter dem betrachtet »Sachschaden« und »Körperverletzung« verschiedenen Werten auf einer Größenskala zuzuordnen sind. Mit anderen Worten: »Sachschaden« und »Körperverletzung« müssen eine steigerungsfähige Eigenschaft gemeinsam haben.

Als eine solche Eigenschaft kommt hier der Wert des betroffenen Rechtsguts in Betracht. Beiden Fällen ist gemeinsam, dass der Schaden an einem Individualrechtsgut (einem rechtlich anerkannten Interesse eines Einzelnen) eintritt – beim Sachschaden am Rechtsgut Eigentum und bei der Körperverletzung am Rechtsgut Gesundheit. Da die Rechtsordnung den einzelnen Individualrechtsgütern (neben Eigentum und Gesundheit zählen vor allem Leben, Eigentum und Vermögen dazu) jeweils einen unterschiedlich hohen Wert beimisst, führt die Verletzung je nachdem, welches Rechtsgut betroffen ist, zu einer unterschiedlichen Schwere des Schadens. Es gibt sicherlich auch andere gemeinsame Eigenschaften von Sachbeschädigung und Körperverletzung, die steigerungsfähig sind, etwa die Größe der beschädigten Fläche oder der Wiederherstellungsaufwand, doch stehen diese in keinem relevanten Zusammenhang mit den Gründen, aus denen § 904 S. 2 BGB dem Geschädigten einen Schadensersatzanspruch zuerkennt. Für einen Größenschluss können nur solche steigerungsfähigen gemeinsamen Eigenschaften von Tatbestands- und Sachverhaltselementen herangezogen werden, die in einem Begründungsverhältnis zur Rechtsfolge der Norm stehen, und zwar so, dass der höhere oder niedrigere Wert, den der Vergleichsfall im Unterschied zum Ausgangsfall aufweist, die Begründung der Rechtsfolge verstärkt[285].

Diese Voraussetzungen sind hier gegeben: Nach dem Leitgedanken des § 904 S. 2 BGB soll eine Person, deren rechtlich anerkanntes Interesse an der Erhaltung ihres Eigentums zurücktreten muss, damit ein höherwertiges Rechtsgut eines anderen gerettet werden kann, am Ende einen Ausgleich für ihr Sonderopfer erhalten, also nicht dauerhaft auf ihrem Schaden »sitzen« bleiben. Diese Begründung für einen Schadensersatzanspruch des Betroffenen gilt umso mehr, wenn bei der Rettungshandlung ein rechtlich noch höher bewertetes Interesse

---

285 Diesen Zusammenhang zwischen dem gemeinsamen steigerungsfähigen Merkmal und der Rechtsfolge arbeitet vor allem Puppe, a.a.O., S. 102 ff., heraus. Allerdings bringt ihre Formulierung (»… desto eher tritt die Rechtsfolge ein«) noch nicht hinreichend zum Ausdruck, dass es nicht um eine Erhöhung der Wahrscheinlichkeit des Rechtsfolgeneintritts geht, sondern um eine Verstärkung der *Argumentation* für den Eintritt der Rechtsfolge (»… desto schwerer wiegen die Gründe für den Eintritt der Rechtsfolge«).

zurücktreten muss, weil dann das Sonderopfer noch größer und ein Ausgleich noch dringlicher ist. Die Gesundheit gehört zu den höchstpersönlichen Rechtsgütern, die in der Rechtsordnung grundsätzlich höher bewertet werden als Sachgüter. Demzufolge ist, wenn die Rettungshandlung in einer Notstandssituation zu einer Körperverletzung führt, ein Schadensersatzanspruch noch mehr angebracht, als wenn lediglich ein Sachschaden eintritt.

Der Wert des betroffenen Rechtsguts erfüllt also hier alle Voraussetzungen, die einen Erst-Recht-Schluss ermöglichen:

1. Er ist ein ausschlaggebende Grund dafür, dass § 904 S. 2 BGB dem Eigentümer einen Schadensersatzanspruch zubilligt.
2. Er kann in unterschiedlichen Größen auftreten.
3. Je größer er ist, desto mehr macht er einen Schadensersatzanspruch erforderlich (Komparationsregel).
4. Er ist bei der Körperverletzung größer als bei der Sachbeschädigung.

Somit ist nach dem Sinn und Zweck des § 904 S. 2 BGB ein Schadensersatzanspruch bei einer Körperverletzung noch mehr begründet als bei einem Sachschaden.

Voraussetzung für diese Argumentation ist allerdings, dass alle sonstigen Tatbestandsmerkmale erfüllt sind[286]. Nur die Merkmale »Sache«, »Sachschaden« und »Eigentümer« werden gegen die Merkmale »Gesundheit«, »Gesundheitsverletzung« und »Person« ausgetauscht.

Nach dem Gesagten kann man den Größenschluss wie folgt formalisieren:

1. Wenn ein Sachverhalt x das Tatbestandsmerkmal TB1 und die sonstigen Tatbestandsmerkmale einer Norm (sonstTB) aufweist, erfüllt er die Voraussetzungen für den Eintritt der in der Norm vorgesehenen Rechtsfolge normRF:

   $(TB1x \wedge sonstTBx) \rightarrow normRFx$
2. Wenn ein Sachverhalt das Tatbestandsmerkmal TB1 erfüllt, weist er eine bestimmte steigerungsfähige Eigenschaft (stE) in einer bestimmten Größe (n) auf:

   $TB1x \rightarrow stE[n]x$
3. Wenn ein Sachverhalt die steigerungsfähige Eigenschaft in der Größe n und die sonstigen Tatbestandsmerkmale aufweist, erfüllt er die Voraussetzungen für den Eintritt der in der Norm vorgesehenen Rechtsfolge in ausreichendem Maße (m):

   $(stE[n]x \wedge sonstTBx) \rightarrow normRF[m]x$

---

286 Puppe, a.a.O., S. 107, weist zutreffend darauf hin, dass sich die beiden verglichenen Fälle durch nichts anderes unterscheiden dürfen als dadurch, dass das steigerungsfähige Merkmal einmal stärker und einmal schwächer ausgeprägt ist.

4. *Komparationsregel:* Wenn ein Sachverhalt die steigerungsfähige Eigenschaft in einer n überschreitenden Größe ($>$n) und die sonstigen Tatbestandsmerkmale aufweist, erfüllt er die Voraussetzungen für den Eintritt der Rechtsfolge in mehr als ausreichendem Maße ($>$m):

(stE[$>$n]x $\wedge$ sonstTBx) $\to$ normRF[$>$m]x

5. Wenn ein Sachverhalt das Tatbestandsmerkmal TB2 erfüllt, weist er die steigerungsfähige Eigenschaft in einer n überschreitenden Größe auf:

TB2x $\to$ stE[$>$n]x

6. Folglich gilt: Wenn ein Sachverhalt das Tatbestandsmerkmal TB2 aufweist, erfüllt er die Voraussetzungen für den Eintritt der Rechtsfolge in mehr als ausreichendem Maße:

(TB2x $\wedge$ sonstTBx) $\to$ normRF[$>$m]x

Der entscheidende Gedanke, der zu den Überlegungen von *Bund* hinzukommt, ist der, dass die steigerungsfähige Eigenschaft mit der Begründung der Norm, also mit dem Normzweck, in engem Zusammenhang stehen muss. Nur dann kann die Zu- oder Abnahme der steigerungsfähigen Eigenschaft zu einer Übererfüllung der Voraussetzungen für den Eintritt der Rechtsfolge führen. Der Zweck der Norm trifft auf den ungeregelten Fall noch mehr zu als auf den geregelten. Dies ist der Grundgedanke des Größenschlusses.

Damit weist der Größenschluss große Ähnlichkeiten zum Analogieschluss auf, der ebenfalls auf den Zweck der Norm abstellt. Beide Argumentationsformen verlaufen in der Tat weit gehend parallel. Zunächst müssen, bevor der Größenschluss überhaupt einsetzen kann, die gleichen Anfangsbedingungen wie bei der Analogie erfüllt sein:

– Der zu entscheidende Fall darf auch bei weitester Auslegung nicht unter die in Betracht gezogene Norm subsumierbar sein[287].
– Andere Vorschriften, aus denen sich die Bejahung oder Verneinung einer inhaltsgleichen Rechtsfolge ergeben könnte, dürfen nicht einschlägig sein[288].
– Die in Betracht gezogene Norm darf keinem Verbot unterliegen, über ihren Wortlaut hinaus angewandt zu werden.

---

287 Diese »Sparsamkeitsregel« wird in vielen Abhandlungen zur juristischen Logik nicht ausreichend beachtet. Ein bekanntes Beispiel dafür ist der von Tammelo, a.a.O., S. 31 f., gebildete Fall: Benutzung eines Fahrrads durch drei statt durch zwei Personen. Hier ist eine ohne weiteres eine direkte Anwendung der Norm möglich (s.o. S. 132)

288 So greift etwa im obigen Beispielsfall (Körperverletzung in einer Notstandssituation) keine deliktische Haftungsnorm nach §§ 823 ff. BGB ein, da die Verletzungshandlung nach § 34 StGB gerechtfertigt ist und der strafrechtliche rechtfertigende Notstand auch im Zivilrecht die Rechtswidrigkeit ausschließt (allgemeine Ansicht, z. B. Staudinger-Seiler, § 904, Rz. 48). Wäre dies anders, bedürfte es kleiner Rechtsfortbildung.

Erst wenn diese Anfangsbedingungen erfüllt sind, kommt der Kern der Argumentation zum Tragen. Dabei geht es – wie bei der Analogie – um die Bildung eines neuen Tatbestandes, nur dass hier der neue Tatbestand den ursprünglichen nicht mit umfasst, sondern beide alternativ formuliert sind. Statt eines Oberbegriffs zu TB1 und TB2 wird hier eine steigerungsfähige Eigenschaft gesucht, die TB1 und TB2 gemeinsam haben, aber in jeweils unterschiedlicher Stärke aufweisen. Anschließend wird – wiederum wie bei der Analogie – geprüft, inwiefern es nach dem Sinn und Zweck der Norm gerechtfertigt ist, beim neuen Tatbestand die in der Norm vorgesehene Rechtsfolge zu verhängen. Während es allerdings für die Analogie ausreicht, wenn beim neuen Tatbestand die gleichen Gründe für den Eintritt der Rechtsfolge sprechen wie beim ursprünglichen, besagt der Erst-Recht-Schluss, dass die Gründe beim neuen Tatbestand noch schwerer wiegen müssen als beim ursprünglichen.

Angesichts dieser großen Übereinstimmung liegt es auf der Hand, dass man in vielen Fällen anstelle eines Größenschlusses auch einen Analogieschluss bilden kann, indem man die steigerungsfähige Eigenschaft ohne Größenangabe in den Tatbestand aufnimmt, also wie den nächsthöheren Gattungsbegriff verwendet. So könnte man etwa im obigen Beispielsfall daran denken, den Begriff »Sachschaden« durch den Oberbegriff »Verletzung eines Individualrechtsguts« zu ersetzen, so dass es auf die Wertigkeit der betroffenen Rechtsgüter und ihre Rangfolge nicht mehr ankäme. Möglich ist dies allerdings nur dann, wenn der Eintritt der Rechtsfolge bei jeder beliebigen Größe der steigerungsfähigen Eigenschaft gerechtfertigt ist. Kommt es auf eine bestimmte Mindest- oder Höchstmarke an, ist die Ersetzung eines Größenschlusses durch einen Analogieschluss in der Regel ausgeschlossen. So könnte man etwa im obigen Beispielsfall das Tatbestandsmerkmal »Sachschaden« nur dann gegen das Tatbestandsmerkmal »Verletzung eines Individualrechtsguts« eintauschen, wenn mit dem Begriff des Sachschadens kein Schwellenwert gemeint ist, der nicht unterschritten werden darf.

Folgt man der hier vertretenen Darstellung, lösen sich die meisten der eingangs erwähnten Meinungsverschiedenheiten über den Größenschluss auf:

- Zwischen der Anwendung des Größenschlusses und des Analogieschlusses besteht in der Tat ein enges Verwandtschaftsverhältnis, da in beiden Fällen eine Erweiterung des Anwendungsbereichs der Norm im Hinblick auf den Normzweck erfolgt.
- Es gibt keinen Unterschied zwischen dem Größen- und dem Stärkenschluss (argumentum a fortiori), da es beim Größenschluss gerade auf eine Verstärkung der Argumentation ankommt.
- Auch weist der Schluss vom Kleineren aufs Größere keine strukturellen Unterschiede zum Schluss vom Größeren aufs Kleinere auf. Es handelt sich nur

um unterschiedliche Ausprägungen des gleichen Grundgedankens. Im ersten Fall führt ein höherer, im zweiten ein niedrigerer Wert der steigerungsfähigen Eigenschaft zu einer Verstärkung der Argumentation für den Eintritt der Rechtsfolge.

Als Beispiel für einen Schluss vom Größeren aufs Kleinere lässt sich § 350 BGB a. F anführen: Wenn schon der Untergang des empfangenen Gegenstandes, also der völlige Wertverlust, den Berechtigten nicht daran hindert, von seinem Rücktrittsrecht Gebrauch zu machen, dann erst recht nicht die Beschädigung der Sache, bei der der Rücktrittsgegner nur einen partiellen Wertverlust zu beklagen hat. Je geringer hier der Wertverlust ist, desto stärker ist die Begründung für das Festhalten am Rücktrittsrecht.

Anmerkung:

Anders als der Analogieschluss wird der Größenschluss in der juristischen Diskussionspraxis nicht nur zur Rechtsfortbildung eingesetzt. Er übernimmt vielmehr unterschiedliche Funktionen. Insbesondere wird er häufig statt zur Übertragung, auch zur Ablehnung einer Rechtsfolge verwendet[289]. Voraussetzung dafür ist, dass die miteinander verglichenen Sachverhalte eine steigerungsfähige Eigenschaft gemeinsam haben, die mit einem gegen den Eintritt der Rechtsfolge sprechenden Argument in Verbindung steht[290]. Auch in dieser Funktion kann der Größenschluss in beiden Unterarten vorkommen: Beim Schluss vom Kleineren aufs Größere wird die Überzeugungskraft des Gegenarguments durch eine Steigerung der Eigenschaft, beim Schluss vom Größeren aus Kleinere dagegen durch eine Verringerung der Eigenschaft verstärkt.

Beispiele:

Schluss vom Größeren aufs Kleinere:
Wenn bei einem belastenden Verwaltungsakt schon das Fehlen einer Begründung nur zur Rechtswidrigkeit, aber nicht zur Nichtigkeit nach § 44 VwVfG führt, dann gilt dies erst recht bei einer bloß mangelhaften Begründung (etwa wenn bei einer Ermessensentscheidung nicht die maßgeblichen Gesichtspunkte angegeben sind, von denen die Behörde sich hat leiten lassen).

---

289 s. Puppe, a.a.O., S. 102 f.
290 Grundsätzlich ist es nicht ausgeschlossen, in dieser Weise auch vom Analogieschluss Gebrauch zu machen, wenn das Gegenargument verallgemeinerungsfähig ist, doch ist es unüblich, eine solche Argumentation »Analogieschluss« zu nennen.

Schluss vom Kleineren aufs Größere:
Wenn schon eine mangelhafte Klageschrift, die den Anforderungen des § 253
Abs. 2 ZPO nicht genügt, nicht zur wirksamen Klageerhebung führt und die
Verjährung des Klageanspruchs nicht hemmen kann, dann erst recht nicht die
telefonische Ankündigung einer Klageschrift, die den Anforderungen des § 253
Abs. 2 ZPO noch weniger genügt.

3.3.   Fazit

Nach dem Gesagten ist es durchaus möglich, einen logisch korrekten und für
die juristische Diskussion relevanten Größenschluss zu konstruieren. Die Überzeugungskraft dieses Größenschlusses steht und fällt allerdings mit der Komparationsregel, die man als Prämisse zugrunde legt. Die Größe der steigerungsfähigen Eigenschaft muss maßgeblichen Einfluss auf die Stärke der Begründung
(oder der Ablehnung) der Rechtsfolge ausüben[291]. Dieses Bedingungsverhält-
nis ist nicht formallogischer, sondern materieller Art. Es muss in jedem Einzelfall durch konkrete rechtspolitische, axiologische und rechtssystematische
Argumente verifiziert werden. Das Schema des Größenschlusses gibt nur die
allgemeinen Schritte des Argumentationsverlaufs vor, die eingehalten werden
müssen, um das Argumentationsziel zu erreichen.

3.4.   Der Größenschluss bei der Rechtsfolge

Bei der bisherigen Erörterung ist außer Betracht geblieben, dass der Größenschluss in seiner praktischen Handhabung nicht nur auf die Tatbestands-, sondern in vielen Fällen auch auf die Rechtsfolgenseite bezogen wird. Dies unterscheidet ihn grundsätzlich vom Gebrauch des Analogieschlusses. Während es
beim Analogieschluss stets darum geht, einen vom Tatbestand einer Norm nicht
erfassten Sachverhalt mit der in dieser Norm vorgesehenen Rechtsfolge zu versehen, kennt der Größenschluss darüber hinaus nach allgemeiner Ansicht[292] noch
das umgekehrte Verwendungsziel: einen vom Tatbestand der Norm erfassten
Sachverhalt mit einer nicht in der Norm vorgesehenen Rechtsfolge zu verbinden.

---

291 s. Puppe, a.a.O., S. 104: »Das Problem des Erst-recht-Arguments besteht darin, die komparative Regel zu ermitteln … und aus dem Ausgangsrechtssatz zu begründen.«
292 z. B. Bydlinski, a.a.O., S. 478; Kohler-Gehrig, a.a.O., S. 116

Beispiele:

Nach der früheren Bestimmung des § 33 b der Gewerbeordnung lag es im freien Ermessen der Behörde, jemandem die Erlaubnis für gewerbsmäßige Musikaufführungen von Haus zu Haus, auf öffentlichen Wegen, Straßen oder Plätzen zu erteilen. Daraus sollte a maiore ad minus zu schließen sein, dass die Behörde in einem solchen Fall auch die Erlaubnis mit einer Einschränkung erteilen durfte, statt sie zu versagen. Die beschränkte Erlaubnis sei ein Weniger gegenüber dem zulässigen Verbot.

Nach § 554 Abs. 2 BGB ist der Vermieter einer Wohnung zur fristlosen Kündigung des Mietvertrages berechtigt, wenn sich der Mieter mit mindestens zwei Monatsmieten im Verzug befindet. Unter denselben Voraussetzungen soll er erst recht eine ordentliche Kündigung vornehmen können. Die ordentliche Kündigung ist aus Sicht des Mieters eine weniger einschneidende Maßnahme als die fristlose Kündigung.

In Fällen wie diesen soll, wenn der gesetzliche Tatbestand gegeben ist, die Möglichkeit eröffnet werden, eine andere Rechtsfolge festzusetzen, als es das Gesetz vorschreibt. Der Grundgedanke in den beiden oben genannten Beispielen lautet: Wenn das Gesetz eine starke Belastung des von der Rechtsfolge Betroffenen vorsieht oder zulässt, ist auch eine mildere Maßnahme zulässig, die mit einer geringeren Belastung verbunden ist, vorausgesetzt, dass die mildere Maßnahme ausreicht, um die Problemlage zu lösen.

Hier geht es nicht um eine steigerungsfähige Eigenschaft auf der Tatbestandsseite, sondern um eine Mehr-Minder-Beziehung auf der Rechtsfolgenseite. Die beiden miteinander verglichenen Rechtsfolgen – die im Gesetz vorgesehene und die darüber hinaus in Betracht gezogene – unterscheiden sich hinsichtlich des Belastungsgrads für den Betroffenen, dessen Interessen eingeschränkt werden. Wenn eine andere Rechtsfolge als die in der Norm vorgesehene den Sinn und Zweck der Regelung genauso erfüllt, aber mit einer geringeren Belastung für den Betroffenen verbunden ist, dann soll diese Rechtsfolge genauso zulässig sein wie die in der Norm vorgesehen. Dies ist der Grundgedanke des Größenschlusses auf der Rechtsfolgenseite.

Eine Formalisierung dieses Gedankens im Sinne eines logischen Schlusses erscheint allerdings kaum möglich. Man kann aus einer Vorschrift, die bei Tatbestandserfüllung den Eintritt einer bestimmten Rechtsfolge vorschreibt, nicht auf formallogische Weise folgern, dass immer, wenn eine geringer belastende Maßnahme ausreicht, um den Normzweck zu erreichen, auch diese Maßnahme zulässig ist. Diese Regel, nach der sich ein Rechtsbefehl auch auf alle gleich geeigneten milderen Mittel erstreckt, muss man vielmehr als ausdrückliche Prämisse einführen.

Wenn »TB« die Erfüllung des Tatbestands einer Norm, »normRF« die Erfüllung der Voraussetzungen für den Eintritt der Rechtsfolge dieser Norm und »mild&gleichRF« die Erfüllung der Voraussetzungen für den Eintritt einer gleich geeigneten, aber milderen Rechtsfolge bedeutet, kann man die notwendigen Prämissen wie folgt formulieren:

TBx $\rightarrow$ normRF

normRFxB $\rightarrow$ mild&gleichRFx

Von diesen Prämissen aus ist es relativ leicht, einen logischen Schluss der folgenden Form zu konstruieren:

TBx $\rightarrow$ normRFx

normRFx $\rightarrow$ mild&gleichRFx

SVx $\rightarrow$ TBx

SVx $\rightarrow$ mild&gleichRFx

Dieser Schluss zeichnet allerdings lediglich das Subsumtionsverfahren in einem konkreten Fall nach, wenn die mildere Rechtsfolge neben der im Gesetz vorgesehenen bereits als zulässig vorausgesetzt wird. Zur Lösung der eigentlichen juristischen Problematik trägt er nichts bei. Diese verbirgt sich hinter der Frage, wie der zweite Obersatz in diesem Schluss verifiziert werden kann, und lässt sich nur mit juristischen Mitteln beantworten.

Das wichtigste Mittel ist in diesem Zusammenhang die Interpretation. Manche Normen sind nämlich so zu verstehen, dass sie als Rechtsfolge das äußerste Mittel angeben, das jemand in einer bestimmten Situation ergreifen darf oder erdulden muss. In diesen Fällen ist durchaus eine Wahlmöglichkeit unterhalb der Obergrenze eröffnet. § 554 Abs. 2 BGB kann man z. B. so verstehen, dass der Vermieter *sogar* zu einer fristlose Kündigung berechtigt ist, wenn sich der Mieter mit mindestens zwei Monatsmieten im Verzug befindet. Dann darf er selbstverständlich auch eine ordentliche Kündigung aussprechen, wenn er sich damit begnügen will. Hier verbirgt sich hinter dem so genannten Erst-Recht-Argument kein logischer Schluss, sondern nur eine bestimmte Auslegung der Rechtsfolge.

Auf Schwierigkeiten stößt man indes, wenn man die Begründung einer Wahlmöglichkeit nicht auf ein Auslegungsproblem reduzieren kann. Dies gilt insbesondere für den Bereich des öffentlichen Rechts. Hier mag es zunächst nahe liegen, sich auf den für die Verwaltung generell geltenden Verhältnismäßigkeitsgrundsatz zu stützen.

Beispiel:

Angenommen, für einen Disziplinarverstoß ist der Wegfall einer Sondervergütung vorgesehen. Dann erscheint es vertretbar, bei Fällen geringeren Gewichts nur eine Kürzung der Sondervergütung vorzunehmen, wenn man damit den einschlägigen general- und spezialpräventiven Gesichtspunkten des Gesetzgebers bereits ausreichend Rechnung trägt. Stellt man sich auf diesen Standpunkt, erscheint es allerdings unverhältnismäßig, in derartigen Fällen einen kompletten Wegfall der Sondervergütung anzuordnen. Es liegt nahe, den Tatbestand aufzugliedern in die Varianten »Disziplinarverstöße größeren Gewichts« und »Disziplinarverstöße geringeren Gewichts«. Die Berücksichtigung aller einschlägigen spezial- und generalpräventiven Gesichtspunkte führt dann in der ersten Variante zum Wegfall und in der zweiten zur Kürzung der Sondervergütung.

Ein solches Verfahren würde eine Korrektur des Gesetzes unter dem Gesichtspunkt der Verhältnismäßigkeit darstellen. Das Gesetz würde alle Fälle, die den gesetzlichen Tatbestand erfüllen, gleich behandeln, obwohl sie Ungleichheiten aufweisen, die bei Beachtung des Verhältnismäßigkeitsgrundsatzes ins Gewicht fallen müssten. Die Behebung eines solchen gesetzlichen Mangels hat jedoch mit einem Größenschluss nichts mehr gemein. Es werden nicht zwei verschiedene Rechtsfolgen bei gleicher Tatbestandserfüllung für zulässig erachtet, sondern verschiedene Tatbestände mit jeweils verschiedenen Rechtsfolgen versehen. In jedem konkreten Fall ist immer nur eine der beiden Rechtsfolgen zulässig.

Eher mag man daher den Ermessensgrundsatz heranziehen, um die Zulässigkeit unterschiedlicher Rechtsfolgen bei gleicher Tatbestandserfüllung zu begründen. Allerdings kann man der öffentlichen Verwaltung kein generelles Ermessen zur Verhängung auch anderer als der im Gesetz vorgesehenen Maßnahmen zubilligen. Vielmehr hängt es vom jeweiligen Rechtsgebiet und letztlich von jeder einzelnen Norm ab, ob dem Rechtsanwender ein solches Ermessen eingeräumt wird.

Entsprechendes gilt auch im Privatrecht. Ob ein Gesetz hinsichtlich der Rechtsfolge eine Wahlmöglichkeit eröffnet, muss grundsätzlich vom Sinn und Zweck des Gesetzes abgeleitet, also durch Auslegung ermittelt werden.

Somit bleiben nur die Anwendungsfälle übrig, bei denen sich die Zulässigkeit eines milderen Mittels aus der teleologischen Interpretation ergibt. In diesen Fällen fungiert das Erst-Recht-Argument allerdings, wie dargelegt, nicht als logischer Schluss, sondern gibt nur das Ergebnis einer Auslegung wieder. Man sollte daher besser auf die Erst-Recht-Formulierung verzichten, wenn man die Zulässigkeit einer milderen Rechtsfolge als der im Gesetz ausdrücklich genannten darlegen will, weil sie nur den falschen Eindruck vermittelt, es handele sich um eine Frage, die mit logischen Mitteln entschieden werden könnte.

Schluss und Ausblick

Die am Anfang dieser Abhandlung gestellten Fragen lauteten:

1. Können die in der Gestalt logischer Schlüsse auftretenden juristischen Argumentationsformen tatsächlich logische Gültigkeit in Anspruch nehmen?
2. Spiegeln die in die logische Sprache übersetzten Argumentationsformen die dahinter stehende juristische Problematik adäquat wider?

Darauf müssen, wie die Untersuchung ergeben hat, differenzierte Antworten gegeben werden. Die einzelnen Schlussformen sind von unterschiedlicher logischer Qualität und von unterschiedlichem juristischem Wert:

– Das für die Rechtsfortbildung vielleicht wichtigste Argumentationsverfahren der Analogie kann tatsächlich so in die Sprache der Logik übersetzt werden, dass es sowohl den juristischen Sinn der Argumentation bewahrt als auch die Kriterien der formallogischen Gültigkeit erfüllt. Man muss dafür allerdings den Gedanken der Tatbestandsähnlichkeit aufgeben. Entscheidend ist vielmehr die Gleichheit der geregelten und der ungeregelten Fälle in den rechtlich relevanten Tatbestandsmerkmalen.
– Der Umkehrschluss kann zwar grundsätzlich ebenfalls in eine logisch korrekte Form gebracht werden, aber praktisch relevant ist er nur, wenn man auf eine Analogieverbotsnorm zurückgreift oder sich auf eine Ablehnung der Analogie im Einzelfall beschränkt[293].
– Beim Größenschluss gilt es, zwischen einem Schluss auf der Tatbestands- und einem auf der Rechtsfolgenseite zu unterscheiden. Im ersten Fall ist es durchaus möglich, einen logisch korrekten Schluss zu bilden, der in der Rechtsfortbildung verwendet werden kann. Voraussetzung ist, dass man eine steigerungsfähige Eigenschaft findet, die der ungeregelte mit den geregelten Fällen gemeinsam hat, und eine Komparationsregel, nach der ein größeres oder

---

293 wenn man von einem generellen positivistischen Standpunkt absieht

geringeres Ausmaß dieser Eigenschaft die Begründung für den Eintritt der Rechtsfolge verstärkt. Im zweiten Fall suggeriert die Erst-Recht-Formulierung nur einen logischen Schluss, wo es in Wahrheit um eine Auslegung der Rechtsfolge geht.

Vor allem beim Analogie- und beim Größenschluss auf der Tatbestandsseite zeigt sich, dass die formallogische Rekonstruktion durchaus von Nutzen für die juristische Diskussion ist. Sie gibt die Argumentationsschritte an, die im Einzelfall durchlaufen werden müssen, wenn das jeweilige Argumentationsziel erreicht werden soll, und klärt über die Reichweite des Bewiesenen auf. Damit ist selbstverständlich nur ein kleiner, aber doch wichtiger Teil der erforderlichen Arbeit verrichtet. Die Logik gibt das formale Argumentationsgerüst vor, das durch materiale Argumente axiologischer, rechtssystematischer und rechtspolitischer Art ausgefüllt werden muss, um im Einzelfall eine Rechtsfortbildung zu rechtfertigen. Bei jedem Argumentationsschritt muss genau angegeben werden, welche Prämisse aus welchen Gründen als gegeben unterstellt wird, und erst wenn alle erforderlichen Prämissen überzeugend verifiziert sind, kann ein Analogie- oder Größenschluss als gelungen gelten.

Die Anwendbarkeit der besonderen juristischen Schlüsse, insbesondere des Analogie- und des Größenschlusses, ist im Übrigen nicht auf den Bereich der Rechtsfortbildung beschränkt. Mit geringfügigen Änderungen können sie überall in der juristischen Diskussionspraxis eingesetzt werden, wenn es gilt, die Implikationen aufzuzeigen, die mit der Einnahme eines bestimmten Standpunkts verbunden sind. Wer sich bei der Entscheidung einer juristischen Streitfrage bzw. eines juristischen Problems (sei es bei der Gesetzgebung, der Rechtsanwendung, des Rechtsvergleichs, der Methodenlehre oder der Rechtsphilosophie) auf bestimmte Werte, Ziele und Grundsätze beruft, muss auch die Konsequenzen hinnehmen, die sich aus der Geltung dieser Werte, Ziele und Grundsätze in anderen Zusammenhängen ergeben. Wenn man nicht bereit ist, diesen Konsequenzen zuzustimmen, weil sie zu Aussagen führen, die man ablehnt, oder im Widerspruch zu Aussagen stehen, denen man zustimmt, muss man seinen Standpunkt korrigieren (revidieren, differenzieren oder präzisieren). So gelangt man zu einer neuen, verbesserten Position, die man wiederum in der juristischen Diskussion verteidigen muss. Die zur Begründung verwendeten Werte, Ziele und Grundsätze stellen allgemeine Sätze dar, die über den einzelnen Begründungszusammenhang hinausweisen und grundsätzlich auch für andere Begründungszusammenhänge herangezogen werden können, solange man keine (in der Regel wiederum allgemein geltenden) Gründe findet, die gegen eine solche allgemeine Anwendung sprechen. Dieser Kerngedanke liegt nicht nur dem Analogie- und Größenschluss zugrunde, sondern bildet letztlich eine notwendige Bedingung für den rationalen Diskurs in der Jurisprudenz überhaupt. Er bringt die logischen Prinzipien der Stringenz und Konsistenz zum Ausdruck, ohne die kein rationaler Diskurs stattfinden kann.

Das Prinzip der Stringenz bedeutet, dass jeder Diskussionsteilnehmer verpflichtet ist, für seine Meinung eine lückenlose Argumentationskette vorzutragen, also alle Prämissen offen zu legen, die vorausgesetzt werden müssen, wenn sich seine Meinung als Schlussfolgerung daraus ergeben soll. Darüber hinaus besagt es aber auch, dass sich jeder Diskussionsteilnehmer neben seinen expliziten Argumenten noch alle Aussagen zurechnen lassen muss, die nach logischen Regeln aus seinen Argumenten folgen oder von diesen vorausgesetzt werden (auch wenn sie ihm möglicherweise zunächst selbst gar nicht bewusst sind). Demgegenüber verlangt das Prinzip der Konsistenz, dass jeder Diskussionsteilnehmer in allen seinen Aussagen – seien sie explizit vorgetragen oder implizit in seinen Argumenten enthalten – widerspruchsfrei bleiben muss, wenn er seine Meinung aufrecht erhalten will. Beide Prinzipien zusammen bilden den »Motor« des rationalen Diskurses: Jeder Teilnehmer versucht, seine eigene Position so stringent und konsistent wie möglich zu begründen und die Argumentation seiner Kontrahenten als lückenhaft oder widersprüchlich zu entlarven. Vorzugswürdig ist letztlich diejenige Position, die sich am besten – das heißt am stringentesten und konsistentesten – in eine Gesamtinterpretation der Rechtsordnung einfügt.

Vor diesem Hintergrund erhebt sich allerdings die Frage, warum formallogische Rekonstruktionen juristischer Argumentationen in der rechtswissenschaftlichen Literatur traditionell nur auf den Bereich der Rechtsfortbildung beschränkt sind. Vom so genannten Subsumtionsschluss abgesehen, erörtert die juristische Methodenlehre logische Schlussformen fast ausschließlich im Zusammenhang mit der Rechtsfortbildung. Warum aber soll gerade die Rechtsfortbildung in einem engeren Zusammenhang mit der Logik stehen als andere juristische Problembereiche? Man kann sich des Verdachts nicht erwehren, als herrsche bei vielen Autoren die Fehlvorstellung vor, bei der Rechtsfortbildung gehe es darum, die Behandlung ungeregelter Fälle auf formallogischer Weise aus der Behandlung der geregelten Fälle abzuleiten, so als handele es sich um ein analytisches Verhältnis zwischen beiden. Dass man aus dem vorhandenen Recht Anhaltspunkte für die Behandlung ungeregelter Fälle gewinnen muss, scheint dahingehend missverstanden zu werden, dass man die Behandlung der ungeregelten Fälle aus dem vorhandenen Recht ableiten müsse. Dies ist aber eben wegen des analytischen Charakters der Logik undenkbar. Wenn eine vorhandene Norm auf bestimmte Fälle nicht anwendbar ist, kann man mit logischen Mitteln nicht beweisen, dass die Antwort auf die Frage, wie diese Fälle zu behandeln sind, dennoch in dieser Norm steckt. Die Leistung der Logik kann allenfalls darin bestehen, die zusätzlichen Prämissen anzugeben, die benötigt werden, um das verfolgte Argumentationsziel – hier die analoge Anwendung der Norm – zu erreichen. Die Rechtsfortbildung setzt immer eine Tatbestandserweiterung voraus (bei der Analogie z. B. die Prämisse, dass bereits die Erfüllung eines Teils des gesetzlichen Tatbestands ausreicht, um die in der Norm vorgesehene Rechtsfolge mit den gleichen Gründen vertreten zu können wie bei Erfüllung des ganzen gesetzlichen Tatbestandes). Inwieweit sich diese Tatbestandserweiterung inhaltlich rechtfertigen lässt, ist dann eine Frage des juristischen Verständnisses von den einschlägigen Werten, Zielen und Grundsätzen der Rechtsordnung.

Weist man die Fehlvorstellung zurück, bei dem Verfahren der Rechtsfortbildung handele es sich um eine Schlussfolgerung aus dem vorhandenen Recht, gibt es keinen überzeugenden Grund mehr dafür, logische Rekonstruktionen juristischer Argumentationen allein im Bereich der Rechtsfortbildung vorzunehmen. Sie können grundsätzlich auch in allen anderen Bereichen der juristischen Diskussion Anwendung finden. Überall kann es nützlich sein, die vollständigen Prämissen aufzudecken, die für bestimmte Schlussfolgerungen benötigt werden, und die Widerspruchsfreiheit aller vorgetragenen Argumente und der aus ihnen folgenden oder von ihnen vorausgesetzten Aussagen zu überprüfen[294].

Es wäre somit durchaus wünschenswert, wenn sich logische Untersuchungen künftig auch außerhalb der Rechtsfortbildung ihren Anwendungsbereich erobern würden. Sie fänden hier ein weites, größtenteils noch unerschlossenes Feld vor und könnten einen entscheidenden Beitrag zur Verbesserung des Argumentationsniveaus in der gesamten Jurisprudenz leisten.

Voraussetzung dafür wäre indes, dass man der Logik wieder einen höheren Stellenwert beimisst, als dies gegenwärtig in weiten Kreisen der Rechtswissenschaft der Fall ist. Wenn manche Juristen heute den Vorwurf, eine bestimmte Argumentation sei in sich widersprüchlich und deshalb aus logischen Gründen unhaltbar, mit der Bemerkung abtun, die Logik habe lediglich formalen Charakter, während es in der Jurisprudenz um Inhalte gehe[295], so ist diese Haltung im Interesse eines rationalen Diskurses inakzeptabel. Zwei einander widersprechende Aussagen heben sich nun einmal – unabhängig davon, welchen konkreten Inhalt sie haben – gegenseitig auf, so dass man letztlich dasteht, als habe man

---

294 Welchen Nutzen es bringen kann, juristische Streitfragen logisch zu rekonstruieren und die vertretenen Meinungen auf Stringenz und Konsistenz ihrer Argumente zu überprüfen, zeigt anschaulich Puppe, a.a.O., S. 128 ff., am Beispiel des bekannten Streits um die strafrechtliche Behandlung der irrtümlichen Annahme der tatsächlichen Voraussetzungen eines Rechtfertigungsgrundes.

295 z. B. Paeffgen, Hans-Ulrich, Anmerkungen zum Erlaubnistatbestandsirrtum, in: Gedächtnisschrift für Armin Kaufmann, 1989, S. 399 (421); ders. in: Nomoskommentar Strafgesetzbuch, 2. Auflage 2005, Vor §§ 32 bis 35, Rdnr. 109 ff.; Hillenkamp, Thomas, in: Leipziger Kommentar zum Strafgesetzbuch, 11. Auflage 2005, § 22 Rdnr. 180. Ähnlich äußern sich z. B. auch Roxin, Claus, Offene Tatbestände und Rechtspflichtmerkmale, 1970, S. 160; Herzberg, Rolf Dietrich, Das Wahndelikt in der Rechtsprechung des BGH, JuS 1980, 469 (480); Maurach, Reinhart, Die Beiträge der höchstrichterlichen Rechtsprechung zur Bestimmung des Wahnverbrechens, NJW 1962, 767 (771). Zur kritischen Auseinandersetzung mit dieser »Verachtung der Logik in der Rechtswissenschaft« s. Puppe, a.a.O., S. 118 ff.(120 f.).

gar keine Aussage getroffen. Wer am rationalen Diskurs teilnehmen will, muss schon die logischen Prinzipien der Stringenz und Konsistenz für und gegen sich gelten lassen – auch in der Jurisprudenz.

Literaturverzeichnis

Alchourrón, Carlos.E., Juristische Schlüsse a fortiori und a pari, Archiv für Rechts- und Sozialphilosophie, Beiheft n.F. Nr. 4, 1965, S. 5–26

Aristoteles, Opera, hrsg. von der Preußischen Akademie der Wissenschaften, Bd. 1 ff., 1831 ff.

Bochénski, Józef Maria, Formale Logik, 3. Auflage 1970

Bovensiepen, Rudolf, Analogie und argumentum e contrario, in: Handwörterbuch der Rechtswissenschaft, Bd. I, S. 133 ff.

Brandom, Robert B., Expressive Vernunft, 2000

Bucher, Theodor G., Einführung in die angewandte Logik, 2., erweiterte Auflage 1998

Bund, Elmar, Juristische Logik und Argumentation, 1983

Bydlinski, Franz, Juristische Methodenlehre und Rechtsbegriff, 2., ergänzte Auflage 1991

Chisholm, Roderick Milton, Contrary-to-Duty Imparatives and Deontic Logic, Analysis 24 (1993),
S. 33–36

Clauberg, Karl Wilhelm/Dubislav, Walter, Systematisches Wörterbuch der Philosophie, 1923

Drobisch, Moritz Wilhelm, Neue Darstellung der Logik nach ihren einfachsten Verhältnissen mit
Rücksicht auf Mathematik und Naturwissenschaft, 5. Auflage 1887

Engisch, Karl/Würtenberger, Thomas, Einführung in das juristische Denken, 10. Auflage 2005

Enneccerus, Ludwig/Nipperdey, Hans Carl, Allgemiener Teil des Bürgerlichen Rechts, 15. Auflage
1959/60

Erdmann, Benno, Logik, 3. Auflage 1923

Fechner, Karl, Die Rechtswidrigkeitsfeststellungsklage, Neue Zeitschrift für Verwaltungsrecht
2000, S. 121 ff.

Gadamer, Hans-Georg, Wahrheit und Methode. Grundzüge einer philosophischen Hermeneutik,
unveränderter Nachdruck der 3., erweiterten Auflage 1975

Heck, Phillipp, Gesetzesauslegung und Interessenjurisprudenz, Archiv für die civilistische Praxis
(1914), S. 1 ff.

Herberger, Maximilian/Simon, Dieter, Wissenschaftstheorie für Juristen, 1980

Herzberg, Rolf Dietrich, Das Wahndelikt in der Rechtsprechung des BGH, Juristische Schulung
1980, S. 469 ff.

Höfler, Alois, Logik, 2., verm. Auflage 1922

Hume, David, Eine Untersuchung über den menschlichen Verstand, übersetzt von Raoul Richter,
hrsg. von Jens Kuhlenkampf, 12. Auflage 1993

Kant, Immanuel, Gesammelte Schriften, hrsg. von der Königlich Preußischen Akademie der
Wissenschaften, Bd. 1 ff, 1902 ff.

Kelsen, Hans, Reine Rechtslehre, 2., neubearbeitete und erweiterte Auflage 1960

Klug, Ulrich, Juristische Logik, 4., neubearbeitete Auflage 1982

Kneale, William and Martha, The Developement of Logic, 1962

Koch, Hans-Joachim/Rüßmann, Helmut, Juristische Begründungslehre, 1982

Kohler-Gehrig, Eleonora, Einführung in das Recht:Technik und Methoden der Rechtsfindung,
1997

Kopp, Ferdinand O./Schenke, Wolf-Rüdiger, Verwaltungsgerichtsordnung – Kommentar, 15., neubearbeitete Auflage 2007

Kries, Johannes von, Logik, 1916

Larenz, Karl, Methodenlehre der Rechtswissenschaft, 6., neu bearbeitete Auflage 1995

Larenz, Karl/Canaris, Claus-Wilhelm, Methodenlehre der Rechtswissenschaft, 3., neubearbeitete Auflage 1995

Leipziger Kommentar zum Strafgesetzbuch, hrsg. von v. Laufhütte, Heinrich Wilhelm/Rissing-van-Saan, Ruth/Tiedemann, Klaus, 11. Auflage 2005 (Bearbeiter: Hillenkamp, Thomas)

Mally, Ernst, Grundgesetze des Sollens. Elemente der Logik des Willens, 1926

Maurach, Reinhart, Die Beiträge der höchstrichterlichen Rechtsprechung zur Bestimmung des Wahnverbrechens, Juristische Wochenschrift 1962, 767 ff.

Meier, Christian X., Der Denkweg der Juristen, 2000

Morscher, Edgar, Deontische Logik, in: Düwell, Marens/Hübenthal, Christoph/Werner, Micha H. (Hrsg.), Handbuch Ethik, 2. Auflage 1006, S. 319–325

Neumann, Ulfried, Juristische Argumentationslehre, 1986

Nomoskommentar Strafgesetzbuch, hrsg. von Kindhäuser, Urs/Neumann, Ulfried/Paeffgen, Hans-Ulrich (Bearbeiter: Paeffgen, Hans-Ulrich) Paeffgen, Hans-Ulrich, Anmerkungen zum Erlaubnistatbestandsirrtum, in: Gedächtnisschrift Kaufmann, hrsg. von Dornseifer, Gerhard/Horn, Eckhard/Schilling, Georg/Schöne, Wolfgang/Struensee, Eberhard/Zielinski, Diethart, 1989, S. 399 ff.

Palandt, Bürgerliches Gesetzbuch – Kommentar, 60., neubearbeitete Auflage 2001 (Bearbeiter: Heinrichs, Helmut)

Palandt, Bürgerliches Gesetzbuch – Kommentar, 67., neubearbeitete Auflage 2008 (Bearbeiter: Bassenge, Peter; Grüneberg, Christian; Weidenkaff, Walter)

Pawlowski, Hans-Martin, Einführung in die juristische Methodenlehre, 2., neubearbeitete Auflage 2000

ders., Methodenlehre für Juristen, 3., überarbeitete und erweiterte Auflage 1999

Pfänder, Alexander, Logik, 4., unveränderte Auflage 2000

Puppe, Ingeborg, Die logische Tragweite des Umkehrschlusses, in: Festschrift für Karl Lackner zum 70. Geburtstag, hrsg. von Küper, Wilfried u. a., 1987

dies., Kleine Schule des juristischen Denkens, 2008

Quine, Williard Van Orman, Two Dogmas of Empiricism, 1951, abgedruckt in

ders., From a Logical Point if View, 1953, S. 20–46

ders., Methods of Logic, 1952

Roxin, Claus, Offene Tatbestände und Rechtspflichtmerkmale, 1970

Rozek, Jochen, Grundfälle zur verwaltungsgerichtlichen Fortsetzungsfeststellungsklage, Juristische Schulung 1995, S. 414 ff.

Schmalz, Dieter, Methodenlehre für das juristische Studium, 4. Auflage 1998

Schneider, Egon/Schnapp, Friedrich E., Logik für Juristen, 6., neu bearbeitete und erweiterte Auflage 2006

Schönke, Adolf/Schröder, Horst, StGB-Kommentar, 27. Auflage 2006 (Bearbeiter: Eser, Albin)

Sigwart, Christoph von, Logik, 5. Auflage 1924

Spengler, Oswald, Der Untergang des Abendlandes, Bd. 1

Staudinger, Julius von (Hrsg.), Kommentar zum Bürgerlichen Gesetzbuch, Drittes Buch, Sachenrecht, 12., neu bearbeitete Auflage 1989 (Bearbeiter: Seiler, Hans Hermann)

Stegmüller, Wolfgang, Der so genannte Zirkel des Verstehens, in: ders., Das Problem der Induktion. Humes Herausforderung und moderne Antworten, 1966

Stern, Klaus/Sachs, Martin, Das Staatsrecht der Bundesrepublik Deutschland, Bd. III2, 1994

Tammelo, Ilmar/Schreier, Fritz, Grundzüge und Grundverfahren der Rechtslogik, Bd. 2, 1977

ders., Drei rechtsphilosophische Ausätze, 1943

Tugendhat, Ernst/Wolf, Ursula, Logisch-semantische Propädeutik, 1983

Wagner, Heinz/ Haag, Karl, Die moderne Logik in der Rechtswissenschaft, 1970

Wittgenstein, Ludwig, Tractatus logico-philosophicus (1921), in: Schriften, Bd. 1, 1960

Wright, H. von, The Logic of Preference, 1963

ders., The Logic of Preference Reconsidered, 1972, in deutscher Sprache unter dem Titel »Neue Überlegungen zur Präferenzlogik« veröffentlicht in: ders., Normen, Werte und Handlungen, 1994, S. 87 ff.

ders. Preferences, in: Utility an Probality, hrsg. von Eatwell et al., 1990, S. 265–383

ders. Gibt es eine Logik der Normen? In: ders., Normen, Werte und Handlungen, 1994

ders. Deontische Logik, 1951

ders. Bedingungsnormen – ein Prüfstein für die Normenlogik, in: ders., Normen, Werte und Handlungen, 1994

Wundt, Wilhelm., Logik, 4. Auflage, 1919–1921

Ziehen, Theodor, Lehrbuch der Logik auf positivistischer Grundlage mit Berücksichtigung der Geschichte der Logik, 1920